高等职业教育土木建筑类专业新形态教材

BIM建模项目化教程

主　编　杨孝禹　盛　黎
副主编　刘新月　贺孟阳

北京理工大学出版社
BEIJING INSTITUTE OF TECHNOLOGY PRESS

内 容 提 要

本书以Revit 2020为软件平台，采用新型活页式教材样式，系统讲解了BIM建模的操作方法和应用技巧，且每章配套相应的案例图纸、微视频和模型。通过项目化教程的学习，旨在让读者快速掌握模型创建以及土建施工图的绘制流程，培养BIM三维模型的创建能力。

本书可作为建筑信息模型（BIM）"1+X"职业技能等级证书培训的辅助性、基础性教材，实操性比较强，具有校企合作特色，也可供高等职业院校土木建筑类专业学生使用，还可供相关企业培训使用。

版权专有　侵权必究

图书在版编目（CIP）数据

BIM建模项目化教程/杨孝禹，盛黎主编.--北京：
北京理工大学出版社，2021.9
ISBN 978-7-5763-0396-4

Ⅰ.①B… Ⅱ.①杨…②盛… Ⅲ.①建筑设计－计算机辅助设计－应用软件 Ⅳ.①TU201.4

中国版本图书馆CIP数据核字（2021）第197015号

出版发行／北京理工大学出版社有限责任公司
社　　址／北京市海淀区中关村南大街5号
邮　　编／100081
电　　话／（010）68914775（总编室）
　　　　　（010）82562903（教材售后服务热线）
　　　　　（010）68944723（其他图书服务热线）
网　　址／http://www.bitpress.com.cn
经　　销／全国各地新华书店
印　　刷／河北鑫彩博图印刷有限公司
开　　本／787毫米×1092毫米　1/16
印　　张／11　　　　　　　　　　　　　　　　　责任编辑／阎少华
字　　数／246千字　　　　　　　　　　　　　　文案编辑／阎少华
版　　次／2021年9月第1版　2021年9月第1次印刷　责任校对／周瑞红
定　　价／48.00元　　　　　　　　　　　　　　责任印制／边心超

图书出现印装质量问题，请拨打售后服务热线，本社负责调换

FOREWORD 前言

近年来，教育部先后印发《国家职业教育改革实施方案》《职业院校教材管理办法》，明确提出建设一大批校企"双元"合作开发的教材，倡导使用新型活页式、工作手册式教材并配套开发信息化资源。

为进一步强化职业教育的类型特征，树立以学习者为中心的教学理念，落实以实训为导向的教学改革，在职教改革背景下，我们开展了此次新型活页式教材的编写工作。本书以提高职业教育学生综合职业能力，适应行动导向教学、混合式教学等教学模式的需要，基于实际工作过程，更新编写体例，并配套开发微课资源，建立动态化、立体化的教材和教学资源体系。

本书由辽宁建筑职业学院和杭州品茗安控信息技术股份有限公司负责编写，书中的项目素材由杭州品茗安控信息技术股份有限公司提供。本书以 Revit 2020 为软件平台，采用新型活页式教材样式，系统讲解了 BIM 建模的操作方法和应用技巧，每章配套相应的案例图纸、微视频和模型。通过项目化学习，读者可快速掌握模型创建以及土建施工图的绘制流程，培养 BIM 三维模型的创建能力。本书可作为建筑信息模型（BIM）"1+X"职业技能等级证书培训的辅助性、基础性教材，实操性比较强，具有校企合作特色，作为校企合作联合开发的教材，也可用于学校教学，还可用于企业培训。

本书共分为 7 个项目。

项目 1：BIM 基础知识，介绍 BIM 概述、国内外 BIM 发展史、国家级 BIM 标准、BIM 模型的应用、BIM 软件分类和介绍以及国产化 BIM 软件。

项目 2：BIM 建模准备，讲述 BIM 建模环境、BIM 建模流程以及本书所使用的综合楼项目图纸识读和交付标准。

项目 3：创建标高与轴网，熟悉和掌握项目标高和轴网的创建与编辑、项目基点与测量点的设置。

项目 4：结构专业建模，了解结构专业建模思路、熟悉和掌握结构基础、结构柱、结构梁和结构楼板的创建与编辑。

项目 5：建筑专业建模，了解建筑专业建模思路、熟悉和掌握建筑墙体、门窗、建筑楼板、楼梯、栏杆扶手、散水与室外台阶以及屋顶的创建与编辑。

前言 FOREWORD

项目 6：构件族与概念体量，熟悉和掌握构件实体和概念体量的创建与编辑。

项目 7：BIM 模型成果输出，介绍 BIM 模型整合、标注与标记、明细表的创建与编辑、图纸的创建与导出以及视图的渲染。

由于编者水平有限，书中难免存在不足，真诚希望广大读者批评指正，以便再版时修订完善。

编　者

目录

项目 1　BIM 基础知识 ……1
1.1　BIM 概述 ……2
1.1.1　BIM 的定义 ……2
1.1.2　BIM 的特性 ……2
1.1.3　BIM 的精度 ……4
1.2　国内外 BIM 发展史 ……5
1.2.1　BIM 的始源和国外发展状况 ……5
1.2.2　BIM 在国内的发展状况 ……5
1.3　国家级 BIM 标准 ……6
1.4　BIM 模型的应用 ……7
1.5　BIM 软件分类和介绍 ……8
1.6　国产化 BIM 软件 ……9

项目 2　BIM 建模准备 ……12
2.1　BIM 建模环境 ……13
2.1.1　软件配置 ……13
2.1.2　硬件配置 ……13
2.2　BIM 建模流程 ……14
2.3　综合楼项目图纸识读 ……14
2.4　综合楼项目交付标准 ……15

项目 3　创建标高与轴网 ……18
3.1　标高的创建与编辑 ……19
3.1.1　创建标高 ……19
3.1.2　编辑标高 ……22
3.2　轴网的创建与编辑 ……25
3.2.1　链接 CAD 图纸 ……25
3.2.2　创建轴网 ……27
3.2.3　编辑轴网 ……28
3.3　项目基点与测量点的设置 ……30

项目 4　结构专业建模 ……33
4.1　结构专业建模思路 ……34
4.1.1　结构专业建模流程 ……34
4.1.2　结构专业建模要点 ……34
4.2　结构基础的创建与编辑 ……35
4.2.1　综合楼结构桩基的创建与编辑 ……35
4.2.2　拓展延伸——结构基础的分类 ……41
4.3　结构柱的创建与编辑 ……42
4.3.1　综合楼结构柱的创建与编辑 ……43
4.3.2　拓展延伸——异形结构柱的创建与编辑 ……47
4.4　结构梁的创建与编辑 ……50
4.5　结构楼板的创建与编辑 ……52

项目 5　建筑专业建模 ……61
5.1　建筑专业建模思路 ……62
5.1.1　建筑专业建模流程 ……62
5.1.2　建筑专业建模要点 ……62
5.2　建筑墙体的创建与编辑 ……63
5.2.1　综合楼建筑墙体的编辑 ……63
5.2.2　综合楼建筑墙体的绘制 ……70

CONTENTS

  5.2.3 拓展延伸——幕墙的创建与编辑··73
 5.3 门窗的创建与编辑 ················79
  5.3.1 综合楼门窗的放置 ············79
  5.3.2 拓展延伸——创建固定窗 ······81
 5.4 建筑楼板的创建与编辑 ············93
  5.4.1 综合楼建筑楼板的创建与编辑···93
  5.4.2 综合楼楼层的复制 ············94
 5.5 楼梯及栏杆扶手的创建与编辑·····97
  5.5.1 楼梯的创建与编辑 ············97
  5.5.2 栏杆扶手的创建与编辑 ·······100
  5.5.3 剖面视图的创建 ·············104
 5.6 散水与室外台阶的创建与编辑···106
  5.6.1 散水的创建与编辑 ···········106
  5.6.2 室外台阶的创建与编辑·······108
 5.7 屋顶的创建与编辑 ···············111
  5.7.1 迹线屋顶的创建与编辑·······111
  5.7.2 拉伸屋顶的创建与编辑·······115

项目 6 构件族与概念体量 ···········122
 6.1 构件实体的创建与编辑 ···········123
  6.1.1 构件编辑——拉伸 ············124
  6.1.2 构件编辑——融合 ············127

  6.1.3 构件编辑——旋转 ············129
  6.1.4 构件编辑——放样 ············130
  6.1.5 构件编辑——放样融合·······133
 6.2 概念体量的创建与编辑 ···········135
  6.2.1 概念体量的创建 ·············135
  6.2.2 面墙、面楼板、面屋顶的创建···142

项目 7 BIM 模型成果输出 ···········148
 7.1 BIM 模型整合 ····················149
  7.1.1 综合楼 BIM 模型的整合·······149
  7.1.2 综合楼地形的创建 ···········151
 7.2 标注与标记的创建与编辑·········152
  7.2.1 综合楼尺寸标注的创建·······152
  7.2.2 综合楼门窗标记的创建·······154
  7.2.3 综合楼房间标记与颜色方案的

     创建 ························156
 7.3 明细表的创建与编辑 ·············160
 7.4 图纸的创建与导出 ···············164
 7.5 视图的渲染 ······················167

参考文献 ································170

项目1　BIM 基础知识

思维导图

BIM 基础知识

项目任务单

任务名称	BIM 基础知识	任务学时	2 学时
任务情境	BIM 的概念；BIM 的发展史；BIM 的标准；BIM 的应用		
任务描述	通过对 BIM 概念、BIM 发展史的认识，了解行业中 BIM 的使用情况，BIM 对建筑行业的发展可以带来哪些变革		
任务目标	1. 掌握 BIM 的定义、特性及精度； 2. 了解 BIM 技术的国内外发展历程； 3. 掌握 BIM 技术的特点与优势； 4. 了解国家现行的 BIM 技术实施标准； 5. 熟悉基于模型的 BIM 技术应用点		
任务准备	1. 安装 BIM 建模软件 Revit 2020； 2. 查阅资料了解中国建筑企业 BIM 应用现状，BIM 应用项目案例等； 3. 通过手机扫描教材中的二维码，阅览中国现行 BIM 建模标准		

项目任务

1.1 BIM 概述

1.1.1 BIM 的定义

《建筑信息模型应用统一标准》(GB/T 51212—2016)对 BIM 的定义为"建筑信息模型"BIM 的英文全称是 Building Information Modeling，是在建设工程及建设全生命期内对其功能及物理特性进行数字化表达，并以此设计、施工、运营的过程及结果的总称，简称模型。

通俗地讲，BIM 是以三维数字技术为基础，集成了建筑工程项目各种相关信息的工程数据模型。模型包含建筑所有构件、设备等几何和非几何信息以及之间的关系信息，模型信息按照建设阶段不断深化和增加，方便被工程建设各参与方在建筑全生命周期中各个阶段使用。

1.1.2 BIM 的特性

1. 可视化

三维模型，所见即所得，传统二维图纸无法表达清楚的地方，应用到三维模型中，一目了然。以"深化设计可视化"和"施工可视化"简单举例说明。

(1)深化设计可视化：通过将各专业模型整合在同一个BIM模型中，从而将机电管线与建筑物的碰撞点以三维形式直观地展现出来。也可对建筑设备空间是否合理进行提前检验。

(2)施工可视化：

1)施工组织可视化：通过创建各种模型进行虚拟施工模拟，使施工组织可视化；

2)技术交底可视化：如复杂的钢筋节点、幕墙节点等特殊部位的施工工艺可以通过BIM三维模型、模拟视频等进行技术交底。

2. 协调性

(1)设计协调：在设计过程中经常出现由于设计师沟通不充分导致各专业在施工过程中发生碰撞，BIM模型整合的过程中会产生相应的协调数据，辅助解决碰撞、净高等问题；

(2)整体进度规划协调；

(3)成本预算、工程量估算协调；

(4)运维协调主要体现为空间协调、设施协调、隐蔽工程协调、应急协调、节能减排协调。

3. 模拟性

(1)设计阶段：在设计阶段借助于BIM模型完成某些系列的模拟，如节能模拟、紧急疏散模拟、日照模拟、热能传导模拟等。

(2)施工阶段：

1)在招标投标阶段或施工阶段可进行施工方案模拟：如深基坑施工模拟、钢筋绑扎模拟等；

2)4D(3D模型＋1D时间维度)模拟：将三维模型与进度计划相关联进行模拟，实现基于BIM的进度管控；

3)5D(3D模型＋1D时间维度＋1D资金维度)模拟：将三维模型与进度计划和资金相关联进行模拟，实现基于BIM的资金管控；

(3)运维阶段：可模拟日常紧急情况的处理，如地震人员逃生模拟及消防人员疏散模拟等。

4. 优化性

BIM模型包含了建筑物实际存在的各种相关信息，包括几何信息和非几何信息。参与人员可以借助BIM模型完成设计方案优化、施工方案优化等。

5. 可出图性

(1)施工图纸的输出；

(2)构件加工指导；

(3)出构件加工图；

(4)构件生产指导；

(5)实现预制构件的数字化制造。

6. 一体化

一体化是指 BIM 技术可进行从设计、施工到运维贯穿工程项目的全周期的一体化管理。

7. 参数化

参数化是指在软件中确定各模型图元之间的相对关系,如相对距离、共线等几何特征。修改参数从而实现模型间自动协调和变更管理,如某一扇窗的高度为 1 500 mm,宽度为 2 300 mm。高度和宽度就是这扇窗的参数,在建筑模型中,通过修改该扇窗的高度、宽度参数值来调整窗的大小。

8. 信息完备性

信息完备性体现在 BIM 技术可对工程对象进行 3D 几何信息和拓扑关系的描述以及完整的工程信息描述,如对象名称、结构类型、建筑材料、工程性能等设计信息;施工工序、进度、成本、质量以及人力资源、机械资源等施工信息;工程安全性能、材料耐久性能等维护信息,对象之间的工程逻辑关系等。

1.1.3 BIM 的精度

BIM 的精度即模型的细致程度,英文叫作 Level of Details 也叫作 Level of Develoment。美国建筑师协会(简称 AIA)将 BIM 模型的精度分为五个等级,分别是 LOD100、LOD200、LOD300、LOD400 及 LOD500。表 1.1 对 BIM 模型精度的划分做了详细介绍。

表 1.1 BIM 模型精度的划分

精度	阶段	主要内容
LOD100	概念设计阶段	此阶段的模型通常为表现建筑整体类型的建筑体量,分析内容包括体积、建筑朝向、每平方造价等
LOD200	方案设计阶段	此阶段的模型包含普遍性,包括大致的数量、大小、形状、位置以及方向。LOD200 模型通常用于系统分析以及一般性表现目的
LOD300	施工图设计阶段	模型单元等同于传统施工图和深化施工图层次。此模型已经能很好地用于成本估算以及施工协调,包括碰撞检查、施工进度计划以及可视化。LOD300 模型应当包括业主在 BIM 提交标准里规定的构件属性和参数等信息
LOD400	构件加工阶段	此阶段的模型被认为可以用于模型单元的加工和安装。此模型更多地被专门的承包商和制造商用于加工和制造项目的构件包括水电暖系统
LOD500	竣工验收阶段	最终阶段的模型表现的是项目竣工的情形。模型将作为中心数据库整合到建筑运营和维护系统。LOD500 模型将包含业主 BIM 提交说明里指定的完整的构件参数和属性

1.2　国内外 BIM 发展史

1.2.1　BIM 的始源和国外发展状况

BIM 源于美国，于 2007 年开始，其主要计划必须提交 3D BIM 信息模型。美国建筑师协会（AIA）于 2008 年提出"全面以 BIM 为主整合各项作业流程，彻底改变传统建筑设计思维"的观点。

2009 年，英国伦敦地铁系统以 BIM 作为全线设计与施工平台。之后，英国制定了英国 ACE 行业 BIM 标准。

新加坡是最早开始投入法规自动检核研究的国家，并应用 BIM 处理与建筑物整个生命周期项目文件相关的议题。2010 年新加坡公共工程全面要求设计施工导入 BIM，2015 年开始要求以 BIM 兴建所有公私建筑工程。

1.2.2　BIM 在国内的发展状况

随着 BIM 技术在国内的大力推广，BIM 技术在建设方和承包方的应用力度越来越大，项目采用 BIM 技术也取得了很多显著的成效，行业中涌现出越来越多的 BIM 咨询单位。但 BIM 应用软件不统一、项目 BIM 管理制度不完善、各参建方对 BIM 认知程度落后的问题仍普遍存在。

1. BIM 技术在设计中的发展状况

住房和城乡建设部印发《住房和城乡建设部工程质量安全监管司 2020 年工作要点》的通知，积极推进施工图审查改革，创新监管方式，采用"互联网＋监管"手段，推广施工图数字审查，试点推进 BIM 审图模式，提高信息化监管能力和审查效率。

（1）作业协同化。在设计过程中，设计师可在同一平台之上进行协作，使用真实数据模拟建筑物的真实情况，以确保建筑材料、尺寸和建筑结构的标准化。

（2）深化设计。在 BIM 技术使用过程中，最难落地的就是机电管线综合优化，通过多专业模型整合，辅助设计发现并解决设计问题，通过碰撞检测、预留洞分析、净空优化等 BIM 技术手段合理性调整管线布置，而不是盲目地做到"绝对的零碰撞"。

（3）"IPD"设计交付。项目集成交付（IPD）是在建设项目全过程中，集成人员、系统、组织、实践，整合各参与方智慧以提高项目绩效，为业主实现增值、减少浪费、效益最大化的工程项目交付模式。IPD 的好处在于从源头开始综合各方力量，在设计阶段将施工整合进来，对施工深化进行设计。

2. BIM 技术在施工中的发展状况

2019 年 3 月 15 日，国家发展改革委与住房和城乡建设部联合发布《关于推进全过程工程咨询服务发展的指导意见》。意见指出：大力开发和利用建筑信息模型（BIM）、大数据、物联网等现代信息技术和资源，努力提高信息化管理与应用水平，为开展全过程工程咨询业务提供保障。

(1)BIM 审图与深化。BIM 审图是指在 BIM 建模的过程中，对施工图进行一次全方位审查。因为模型的创建是将二维图纸转化为三维，不会存在图纸审查不全的问题。这个过程可以在施工前提前解决图纸问题，减少施工过程中的图纸变更，避免影响工程进度，造成资源浪费。

(2)基于 BIM 的技术标制作。施工方在投标过程中可以借助 BIM 技术制作专项施工方案、复杂节点技术交底视频、钢筋绑扎模拟、施工场地布置等技术内容。

(3)基于 BIM 的预制构件生产管理。房建、基建工程在 BIM 使用过程中，已逐渐融入预制构件生产管理，例如：在预制挡土墙工厂加工—出厂运输—进场验收—现场吊装—质检验收等重点过程中，通过手机扫描二维码的方式将施工过程信息自动集成到 BIM 平台，利用电脑端或手机端随时随地了解构件信息及施工状态，提升管理效率，有力地把控项目整体进度。

1.3　国家级 BIM 标准

目前我国发布并实施的 BIM 标准共有 6 套，读者可扫描相应二维码进行阅览。

(1)《建筑信息模型应用统一标准》(GB/T 51212—2016)；

(2)《建筑信息模型设计交付标准》(GB/T 51301—2018)；

(3)《建筑信息模型分类和编码标准》(GB/T 51269—2017)；

(4)《建筑工程施工信息模型施工应用标准》(GB/T 51235—2017)；

(5)《制造工业工程设计信息模型应用标准》(GB/T 51362—2019)；

(6)《建筑工程设计信息模型制图标准》(JGJ/T 448—2018)；

(7)《建筑工程信息模型存储标准》征求意见稿已公开，目前并未正式发布实施。

《建筑信息模型应用统一标准》
(GB/T 51212—2016)

《建筑信息模型设计交付标准》
(GB/T 51301—2018)

《建筑信息模型分类和编码标准》
(GB/T 51269—2017)

《建筑工程施工信息模型应用
标准》(GB/T 51235—2017)

《制造工业工程设计信息模型
应用标准》(GB/T 51362—2019)

《建筑工程设计信息模型制图
标准》(JGJ/T 448—2018)

1.4　BIM 模型的应用

BIM 的实施主体可以是建设单位(业主),也可以是承包商(设计单位、施工单位等)。BIM 的实施阶段可以是全生命周期,也可以是方案设计、初步设计、施工图设计、施工准备、施工实施、竣工验收、运营维护等的某一阶段或某一部分阶段。

根据项目参建方的需求不同,所涉及的 BIM 应用点也不同,本书主要围绕以下几个 BIM 应用点做简单概述。

1. 三维建模

三维建模是利用 BIM 建模软件根据二维图纸创建建筑、结构、安装专业的三维几何实体模型,该模型融合了建筑实体的几何信息和非几何信息,体现 BIM 的可视化、信息化等,同时也达到完善设计方案的目标,为施工图设计提供设计依据。

2. 碰撞检测

碰撞检测是通过 BIM 软件将各专业模型整合,应用 BIM 可视化的特点检查各专业模型是否存在碰撞情况。在施工前提前发现并解决相应设计问题,尽可能减少碰撞,避免空间冲突,避免设计错误传递到施工阶段。

碰撞主要分为硬碰撞和软碰撞。

硬碰撞:实体与实体间发生交叉碰撞。

软碰撞:实体间并没有发生交叉碰撞,但间距和空间无法满足相关施工要求。

3. 净空优化

净空优化是利用 BIM 软件基于各专业模型,优化机电管线排布方案,对建筑构件进行竖向的净高分析,调整并给出最优的净空高度。

4. 预留孔洞

预留孔洞是指建筑施工时,建筑主体为供水、暖气等设施管道的埋设预留的孔洞。利用 BIM 软件可以将机电与土建模型相结合,根据施工要求提前确定需要预留孔洞的位置、大小等。

5. 三维场布

三维场布是借助 BIM 软件,依据相关规范对施工场地进行合理性布置。对施工各阶段的场地地形、建筑设置、周边环境、临时道路、拟建建筑、临建建筑、材料堆场、临水临电、施工机械、安全文明施工设施等进行规划布置和分析优化,以实现场地布置科学合理。

6. 虚拟漫游

虚拟漫游的主要目的是利用 BIM 软件模拟建筑物的三维空间关系和场景,通过漫游、动画、VR 等形式提供身临其境的视觉、空间感受,有助于相关人员进行方案预览和比选。

7. 进度管控

4D=3D 模型+时间维度,将进度与模型相关联,通过方案进度计划和实际进度进行对比,完成进度偏差分析,实现对项目进度的合理控制与优化。

8. 资金管控

5D=3D 模型+时间维度+资金维度,模型与进度关联后再与造价文件相关联,进行成本管控、进度款的拨付等操作,实现对项目资金的合理控制与优化。

9. 构件预制加工

预制装配建筑采用的建筑方式是在工厂生产预制出包括梁、板、柱和外墙等建筑构件,经过养护并验收合格后运输至现场安装施工完成。运用 BIM 技术可以提高预制加工能力。

10. 质量安全管理

基于 BIM 技术的质量与安全管理是通过现场情况与 BIM 模型的对比,提高质量检查的效率与准确性,并有效控制危险源,进而实现项目质量、安全可控的目标。

1.5　BIM 软件分类和介绍

BIM 软件大致可划分为基础软件、工具软件和平台软件。表 1.2 对 BIM 软件做了简单介绍。

表 1.2　BIM 软件分类和介绍

软件分类	软件名称	软件介绍
基础软件	Autodesk Revit	三维建模软件,在房屋建筑精细化建模上有很大的优势
	Bently	三维建模软件,在工厂设计和基础设施(如道路、桥梁、市政、水利)等领域有着很大的优势
	Rhino	三维建模软件,可以创建、编辑、分析和转换 NURBS 曲线、曲面和实体,并且在复杂度、角度和尺寸方面没有任何限制
	Tekla	三维建模软件,主要针对钢结构,是芬兰 Tekla 公司开发的钢结构详图设计软件,它是通过创建三维模型以后自动生成钢结构详图和各种报表
	ArchiCAD	三维建筑设计软件,通过 IFC 标准平台的信息交互,可以为后续的结构、暖通、施工等专业,以及建筑力学、物理分析等提供强大的基础模型,为多专业协同设计提供有效的保障
	AutoCAD Civil 3D	三维建模软件,主要针对地形处理,它的三维动态工程模型有助于快速完成道路工程、场地、雨水/污水排放系统以及场地规划设计
	CATIA	三维建模设计软件,是法国达索公司的产品,它可以通过建模帮助制造厂商设计他们未来的产品,并支持从项目前阶段、具体的设计、分析、模拟、组装到维护在内的全部工业设计流程
	MagicCAD	一款机电建模软件

续表

软件分类	软件名称	软件介绍
工具软件	Autodesk Navisworks	可将 Revit 创建的模型整合在一起完成碰撞检测及管线综合优化
	Lumion	模型渲染软件
	3D Max	三维动画渲染和制作软件
	BIM 算量软件	目前国内常见的算量造价软件厂商有品茗、广联达、鲁班、斯维尔等
	造价软件	
	场地策划软件	目前国内常见的有品茗 BIM 施工策划软件、广联达 BIM 施工现场布置软件、鲁班场布软件
	模板脚手架设计软件	目前国内做得好的有品茗 BIM 模板工程设计软件、品茗 BIM 脚手架工程设计软件
	结构设计软件	目前国内常见的有 PKPM、盈建科
平台软件	BIM 5D 软件	目前国内常见的 BIM 5D 协同平台软件厂商有品茗、广联达、鲁班

1.6 国产化 BIM 软件

随着我国对 BIM 应用的大力推广,以 Autodesk(欧特克)有限公司为代表的国外 BIM 软件厂商,加大了 BIM 软件的本土化科研和开发力度,力求让 BIM 软件更加符合国内的行业标准和应用习惯。占尽天时地利的国内 BIM 厂商也跃跃欲试,一刻也不松懈对国产 BIM 软件的应用开发。

作为国内应用广泛的建筑设计绘图软件天正公司,其研发的 Revit 插件,让绘制 Revit 三维模型,就像在 CAD 中用天正 CAD 插件绘制建筑施工图一样简单和快捷。作为国内设计软件龙头企业的中科院 PKPM 公司,已与 Autodesk(欧特克)有限公司达成战略合作,实现了 Revit 与 PKPM 软件的文件互导,不需要重复建模型,为三维模型导入 PKPM 软件提供了便利。作为国内造价软件的龙头企业的广联达公司,已与 Autodesk(欧特克)有限公司达成战略合作,实现了 Revit 与广联达软件的文件互导,不需要重复建模型,为三维模型导入广联达软件提供了便利。

国内本土的 BIM 软件公司,意识到 BIM 的未来发展前景,纷纷投入大量人力、物力和财力,大力开发各具特色的 BIM 本土软件。相信在不久的将来,国内的 BIM 软件,将迎来百花齐放、百家争鸣的发展格局,最终受益的是国内的 BIM 应用企业,如房地产开发公司、大型公共建筑的投资商、建筑承包商。他们将在使用 BIM 中获得更大的经济效益和社会效益。

项目实施单

姓名		班级	
任务名称		BIM 基础知识	

1. BIM 的特性有哪些?

2. 目前我国现行的 BIM 标准有哪些?

3. 简述 BIM 的优劣点。

4. BIM 模型可应用在哪些场景中?

5. 请简单列出几款你熟知的 BIM 工具软件。

项目习题

1. （单选题）当前在 BIM 工具软件之间进行 BIM 数据交换可使用的标准数据格式是（　　）。
   A. GDL　　　　　　B. IFC　　　　　　C. LBIM　　　　　　D. GJJ

2. （多选题）BIM 软件按功能可分为三大类，分别为（　　）。
   A. BIM 环境软件　　　　　　　　B. BIM 设计软件
   C. BIM 可视化软件　　　　　　　D. BIM 平台软件
   E. BIM 工具软件

3. (单选题)下列属于应用 BIM 技术进行绿色建筑分析的是(　　)。
   A. 基于 BIM 模型的信息对项目进行结构分析
   B. 基于 BIM 模型的信息对项目进行运营管理分析
   C. 基于 BIM 模型的信息对项目进行风环境分析
   D. 基于 BIM 模型的信息对项目进行造价分析
4. (单选题)下列不属于机房机电安装工程 BIM 深化设计内容的是(　　)。
   A. 碰撞检查　　　B. 基础建模　　　C. 管线综合　　　D. 净高分析
5. (单选题)下列不属于 BIM 核心建模软件的是(　　)。
   A. Lumion　　　B. Revit　　　C. Bently　　　D. ArchiCAD
6. (多选题)BIM 应用中,属于设计阶段应用的是(　　)。
   A. 物资管理　　　B. 协同工作　　　C. 可视化应用　　　D. 施工模拟
   E. 绿建分析

项目评价单

任务名称		BIM 基础知识	
评价项目	评价子项目	学生自评	教师评价
资讯环节	1. 软件安装的情况; 2. 资料查询的情况; 3. 规范了解的情况		
实施环节	1. 对 BIM 概念的掌握程度; 2. 对 BIM 发展史的了解程度; 3. 对 BIM 软件的了解程度		
任务总结			
评价总结			
教师签字		日期	

项目 2　BIM 建模准备

思维导图

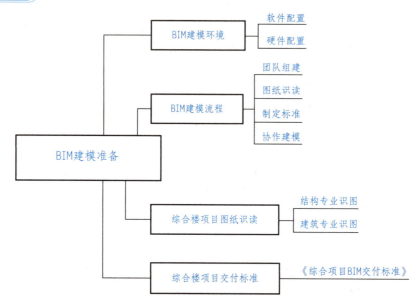

BIM 建模准备

项目任务单

任务名称	BIM 建模准备	任务学时	2 学时
任务情境	BIM 建模环境；BIM 建模流程；项目图纸识读；项目交付标准		
任务描述	通过本项目的学习，明确建模的一般流程，能够在今后的工作中合理制定建模流程及建模标准。掌握综合楼项目图纸的识读要点，方便模型创建的开展		
任务目标	1. 了解 BIM 建模软件所需要的硬件及软件要求； 2. 掌握 BIM 项目的建模流程和团队分工； 3. 掌握制定 BIM 项目交付标准的制定方法； 4. 熟悉综合楼项目图纸的重难点，明确建模要点		
任务准备	1. 查看图纸，标记图纸中个人不明确的位置； 2. 通过手机扫描教材中的二维码，阅览综合楼项目交付标准		

 项目任务

2.1 BIM 建模环境

2.1.1 软件配置

目前 BIM 技术应用的软件种类比较繁多，部分软件的功能类似，应该针对项目的应用目标及功能需求选择不同的软件，相应软件配置要求见表 2.1。

表 2.1 BIM 软件配置

实施专业	软件资源
土建建模类	Autodesk Revit，品茗 HiBIM 软件
机电建模类	Autodesk Revit，品茗 HiBIM 软件
钢结构建模类	Tekla 软件
基础设施类	Autodesk Revit，Autodesk Civil 3D 软件，达索 CATIA
动画演示类	Autodesk 3D Max，Lumion 软件

2.1.2 硬件配置

硬件资源是支撑项目 BIM 实施的 IT 架构基础，主要指项目 BIM 实施过程中应用的客户端计算机，其主要组成如下：

(1)核心工作站：要求具有较强的图形运算处理能力，主要负责整合各专业模型、效果渲染、数据模拟等图形计算处理工作。

(2)客户端：要求具有一定的图形运算处理能力，主要负责单专业模型的建模、效果渲染、数据模拟等图形计算处理工作。

(3)移动工作站：兼具工作站与笔记本电脑的特征，具备较强数据图形运算处理能力。在项目 BIM 实施过程中，主要用来解决会议汇报，多方协同等对图形工作站可移动要求。

2.2　BIM 建模流程

根据项目应用目标及团队整体能力,项目 BIM 技术的应用可通过委托第三方或创建自身的 BIM 团队。由于不同的完成方式有不同的组织架构、工作流程与团队职责分配,项目在应用 BIM 技术过程中应结合项目特点与应用目标选择适当的组织架构(图 2.1)。

本项目采用分专业 BIM 建模,团队组织架构如图 2.2 所示。

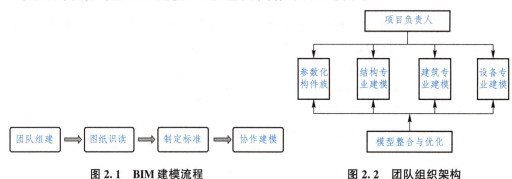

图 2.1　BIM 建模流程　　　　图 2.2　团队组织架构

2.3　综合楼项目图纸识读

本项目建模主要涉及结构和建筑两大专业。结构专业图纸识读要点如图 2.3 所示,建筑专业图纸识读要点如图 2.4 所示。

图 2.3　结构专业识图

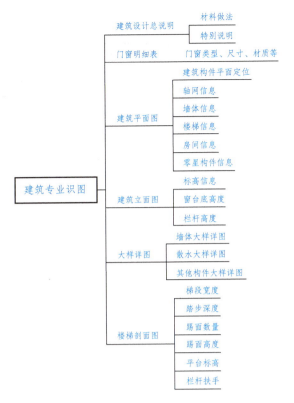

图 2.4 建筑专业识图

2.4 综合楼项目交付标准

建筑行业对项目各阶段各参与者的协作尤为依赖，而 BIM 本身就是一个各参与者、利益相关者借助同一平台互相交换信息、达成共识的过程，不管是通过 BIM 模型输入、修改、交换，还是在建筑项目的全生命周期的各个阶段，各个参与者之间实现协同工作，都需要有统一、公开、可共享的标准作为基础。BIM 项目标准的核心目标是使信息自由有效地在项目全生命周期不同阶段中供不同参与者之间传递使用，实现这个目标仅靠某个软件、某个环节、某个专业的技术规范是远远不够的。

参考《建筑信息模型应用统一标准》(GB/T 51212—2016)、《建筑信息模型施工应用标准》(GB/T 51235—2017)，制定了《综合楼项目 BIM 交付标准》，本书综合楼模型创建过程中都需要参考此标准。

综合楼项目 BIM 交付标准

项目实施单

姓名		班级	
任务名称	BIM 建模准备		

1. BIM 建模的一般流程是什么？

2. 结构施工图包含哪些内容？

3. 常见的建模软件有哪些？

项目习题

1. （单选题）结构施工图一般由（　　）组成。
   A. 总平面图、平立剖面图、各类详图　　B. 基础图、楼梯图、屋顶图
   C. 基础图、结构平面图、构件详图　　　D. 配筋图、模板图、装修图

2. （多选题）《建筑信息模型设计交付标准》(GB/T 51301—2018)中标明数据状态分为四种类型，分别为（　　）。
   A. 模型数据　　B. 工作数据　　C. 出版数据　　D. 存档数据
   E. 共享数据

3. （单选题）BIM 工程师的基本职业素质要求是（　　）。
   A. 职业道德　　B. 沟通协调能力　　C. 团队协作能力　　D. 以上都是

项目评价单

任务名称		BIM 建模准备		
评价项目	评价子项目		学生自评	教师评价
资讯环节	1. 项目图纸整理的情况； 2. 项目交付标准了解的情况			
实施环节	1. 对 BIM 建模流程的了解程度； 2. 对项目图纸重难点的梳理程度； 3. 对项目交付标准的了解程度			
任务总结				
评价总结				
教师签字			日期	

项目 3　创建标高与轴网

思维导图

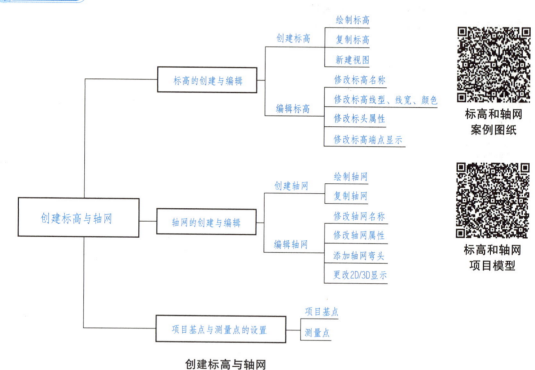

创建标高与轴网

项目任务单

任务名称	创建标高与轴网	任务学时	4 学时
任务情境	标高的创建与编辑；轴网的创建与编辑；项目基点与测量点的设置		
任务描述	通过本项目的学习，完成综合楼项目样板的创建，完成标高、轴网、视图等的创建，设置项目基点与测量点		
任务目标	1. 了解项目、项目样板、族、族样板的区别； 2. 掌握标高的创建与编辑方法； 3. 掌握轴网的创建与编辑方法； 4. 了解项目基点与测量点的区别； 5. 掌握 Revit 软件建模小技巧		
任务准备	1. 查阅资料，了解项目基点与测量点的设置意义； 2. 通过手机扫描教材中的二维码，学习标高与轴网的创建方法		

3.1　标高的创建与编辑

在 Revit 软件中，标高和轴网是建筑构件在平、立、剖视图中定位的主要依据。绝大多数的建筑构件是基于标高所创建的。当标高修改时，相应的构件也会随着标高的改变而发生高度上的偏移。

标高的创建只能在立面视图或剖面视图中才能进行，所以在正式创建标高之前，往往需要先打开立面视图。

3.1.1　创建标高

（1）启动 Revit 2020，如图 3.1 所示，单击"新建"按钮，弹出"新建项目"对话框，将"样板文件"选择为"建筑样板"，单击"确定"按钮，进入 Revit 2020 项目 1 界面。如图 3.2 所示，单击"文件"按钮，在下拉列表中单击"保存"按钮，在弹出的对话框中将项目命名"综合楼"，并自定义保存路径。

创建标高

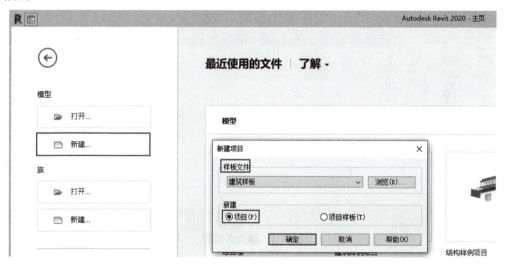

图 3.1　打开 Revit 2020

（2）在"项目浏览器"面板中，展开"立面"视图，双击"南"，进入南立面视图，在"建筑"选项卡"基准"面板中单击"标高"按钮，如图 3.3 所示。

（3）将光标移至标高 2 上部 3 500 mm 处，左端与标高 2 对齐出现虚线，如图 3.4 所示，单击，水平移动光标至右侧与标高 2 对齐，再次单击即可完成标高 3 的绘制，同时，"项目浏览器"面板中自动生成"标高 3"楼层平面，如图 3.5 所示。

19

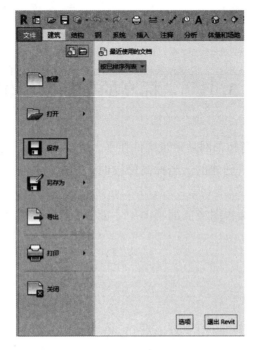

图 3.2　文件保存

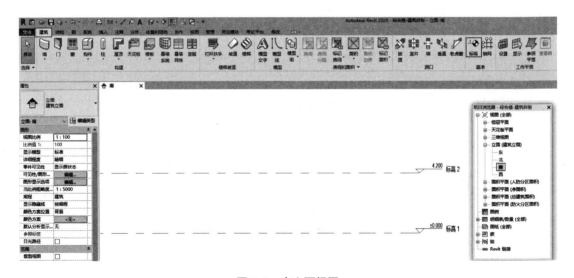

图 3.3　南立面视图

图 3.4　绘制标高前

图 3.5　绘制标高 3

(4)借助"拾取线"命令绘制标高。在"建筑"选项卡"基准"面板中单击"标高"按钮,单击"修改|放置标高"上下文选项卡"绘制"面板中的"拾取线"按钮，在"修改|放置标高"选项栏中将"偏移量"值设定为"3500",将鼠标光标放置在"标高 3"上的任意位置,出现图 3.6 所示的虚线,单击标高 3 上任意一点,即可绘制出距"标高 3"向上 3 500 mm 的标高 4,如图 3.7 所示。

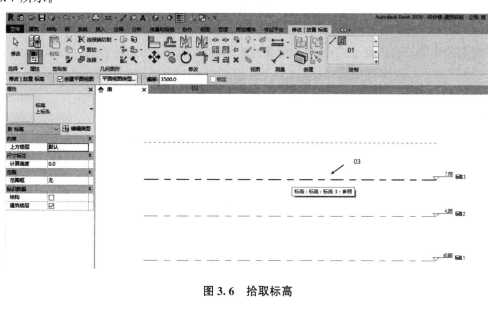

图 3.6　拾取标高

图 3.7　绘制标高 4

【注意】"拾取线"命令在使用过程中可通过上下/左右轻轻移动光标,改变新建图元的位置。

(5)复制标高。单击"标高 1",在"修改"面板中单击"复制"按钮，在"标高 1"上任意单击一点，向下移动光标，输入"300"，按 Enter 键确定，即可复制出距离"标高 1"向下 300 mm 的标高 5，如图 3.8 所示。

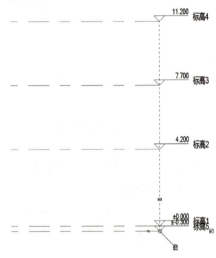

图 3.8　复制命令创建标高 5

"复制"命令快捷键为"CO"。复制命令启动时，绘图区左上角弹出命令栏 ，勾选"约束"，只允许上下左右四个正交方向复制；勾选"多个"，可以一次性复制出多个副本。

【注意】按 Esc 键，可取消上一操作命令。

3.1.2　编辑标高

（1）编辑标头符号。单击"标高 5"，在"属性"面板类型选择器中选择"下标头"，即可完成标头符号的修改，如图 3.9 所示。

编辑标高

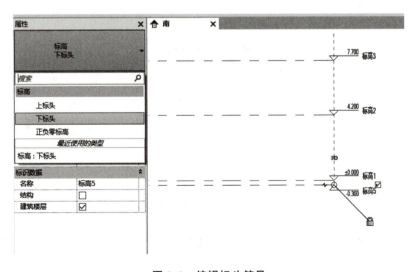

图 3.9　编辑标头符号

(2)编辑标高名称。双击"标高5",修改为"室外地坪",按 Enter 键确定,即可完成标高名称的修改,如图 3.10 所示。双击"-0.300",也可对标高高度进行修改。

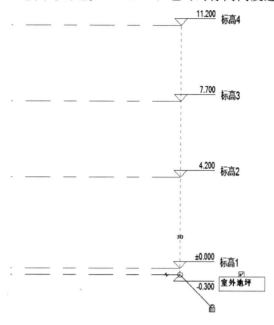

图 3.10　编辑标高名称

(3)双击"标高 1",修改为"1F",按 Enter 键确定,弹出如图 3.11 所示"确认标高重命名"对话框,单击"是"按钮,标高名称修改为"1F",同时,"项目浏览器"面板中楼层平面:"标高 1"自动修改为"1F"楼层平面。

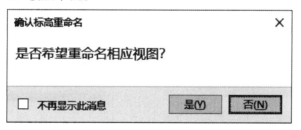

图 3.11　是否希望重命名相应视图

(4)根据综合楼项目—建筑图纸《①~⑧立面图》,完成其他标高名称的修改,修改后效果如图 3.12 所示。注意,此时"项目浏览器"面板中楼层平面各视图的名称也被同步修改了。

(5)编辑标高类型属性。单击"室外地坪"标高,在"属性"面板中,单击"编辑类型"按钮,弹出图 3.13 所示的"类型属性"对话框。

1)"线宽":Revit 2020 默认提供了 16 种线宽,此时的数字"1"代表的是编号 1,16 种线宽使线型在不同视图比例之下显示的线型宽度也不同。此处可不做修改。

2)"颜色":可修改标高的颜色。

3)"线型图案":单击下三角按钮,在下拉列表中选择"中心线",可使室外地坪的线型图案与其他标高保持一致。

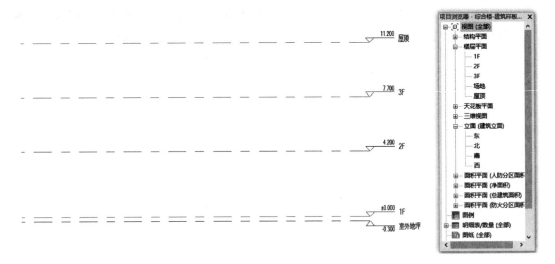

图3.12 完成标高名称修改

4)"符号":与(1)内容类似,可选择标头符号。

5)"端点处的默认符号":勾选时,标高一端即可显示标头参数。

(6)创建视图。"项目浏览器"面板中目前是没有"室外地坪"楼层平面视图的,需要另行创建。在"视图"选项卡"创建"面板中单击"平面视图"下拉列表中的"楼层平面"按钮,系统弹出"新建楼层平面"对话框,如图3.14所示,选择"室外地坪",单击"确定"按钮,即可生成"室外地坪"楼层平面视图。此时,系统也会自动转到"室外地坪"楼层平面视图。

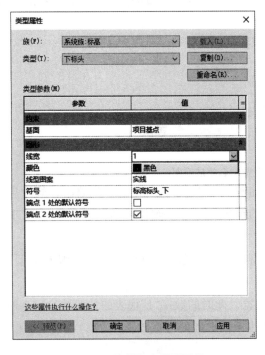

图3.13 编辑标高类型属性

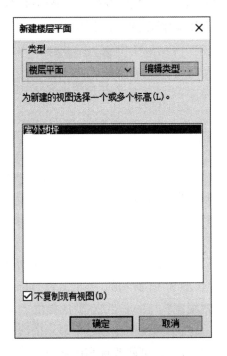

图3.14 新建"室外地坪"楼层平面视图

【注意】操作过程中，若关掉"项目浏览器"或"属性"面板，可单击鼠标右键，在弹出的列表中单击"浏览器"→"项目浏览器"或"属性"，分别打开相应面板。

3.2 轴网的创建与编辑

轴网用于在平面视图中定位项目图元，标高创建完成后，可以切换到任意平面视图来创建和编辑轴网。本节轴网的创建可依据"综合楼"→"建筑图纸"一层平面图。

3.2.1 链接 CAD 图纸

（1）启动 Revit 2020，打开 3.1 节中操作的"综合楼"项目文件。在"项目浏览器"面板中，"楼层平面"下，双击"1F"，打开一层平面视图。单击"插入"选项卡"链接"面板中的"链接 CAD"按钮，在弹出的"链接 CAD 格式"对话框中根据图纸保存路径，找到"工程图纸"→"建筑专业"→一层平面图，并按照图 3.15 所示进行设置，单击"打开"按钮完成图纸的链接。

链接 CAD 图纸

图 3.15 链接图纸

【注意】链接 CAD 图纸时：

①勾选"仅当前视图"，一层平面图图纸仅存在一层平面视图，其他视图不可见，避免在其他视图建模时被干扰。

②导入单位设定为"毫米"，图纸链接后可与项目单位"毫米"，保持一致。

③定位："自动"→"原点到原点"。

（2）图纸链接后，按住鼠标左键分别框选四个立面的视图◯图标，使一层平面图纸在四个立面视口的中心。效果如图 3.16 所示。

【注意】一定要框选视图图标◯，分为立面符号和视图符号两部分。

【小技巧】双击，即可回到视口中心。

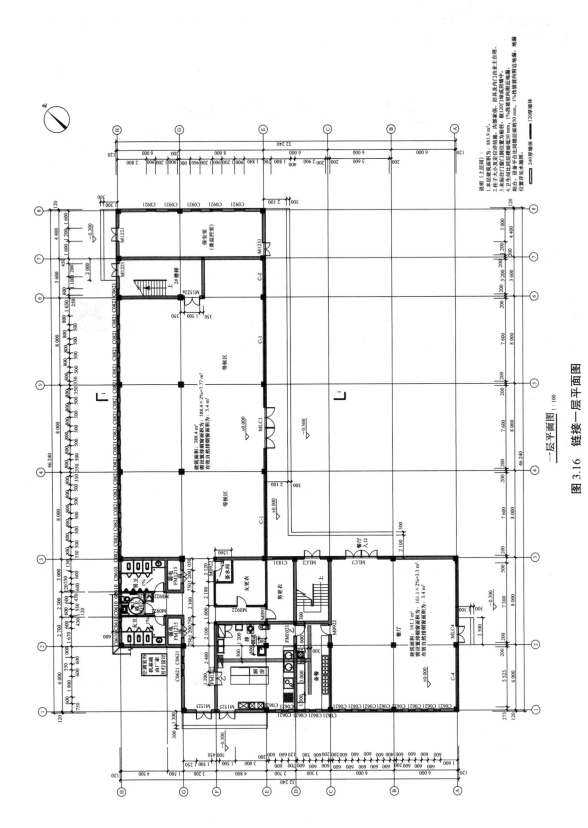

图 3.16 链接一层平面图

3.2.2 创建轴网

(1)单击"建筑"选项卡"基准"面板中的"轴网"按钮,在弹出的"修改|放置轴网"上下文选项卡"绘制"面板中单击"直线"按钮。根据图纸中①号轴网的始末点自下而上,创建①号轴网。单击"绘制"面板中的"拾取线"拾取图纸上的②~⑧轴线,依次生成②~⑧号轴网。点选图纸,在界面左下角单击"隐藏/隔离图元"按钮,执行"隐藏图元"命令,将图纸隐藏。显示效果如图 3.17 所示。

创建轴网

图 3.17 创建轴网

(2)复制轴网:复制轴网的方法同标高复制。
(3)按照上述方法依次创建Ⓐ~Ⓗ号轴网。

【快捷键】隐藏图元的快捷键为"HH",取消隐藏图元的快捷键为"HR"。

3.2.3 编辑轴网

编辑轴网

在图 3.17 的基础上进行轴网的编辑。编辑轴网的方法同标高编辑。

(1)轴网端点显示。单击①号轴网,轴网末端出现小方框□,勾选即可显示末端编号。此命令仅控制当前所选轴网。若想要所有轴网两个末端都显示编号,可单击任意轴网,单击"属性"面板中的"编辑类型"按钮,弹出"类型属性"对话框,将"平面视图轴号端点 1/2"全部勾选,单击"确定"按钮即可。

(2)轴网中段。单击"属性"面板中的"编辑类型"按钮,弹出"类型属性"对话框,"轴网中段"更改为"连续",单击"确定"按钮即可。

(3)添加弯头。单击①号轴网末端处的"添加弯头"图标,如图 3.18 所示,即可实现图 3.19 所示效果。单击拖拽点可以更改弯头的角度或还原设置。

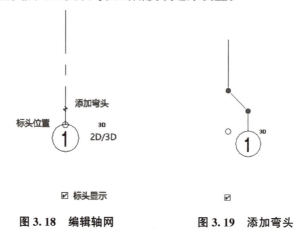

图 3.18 编辑轴网　　图 3.19 添加弯头

(4)2D/3D 切换。在一层平面视图中,3D 模式下,更改轴网的长度,其他视图的轴网长度也会随之而改变。若在 2D 模式下,更改轴网的长度,仅控制当前视图,其他视图不受影响。

(5)标头位置调整。单击①号轴网末端处的"标头位置",移动光标向上,可使①号轴网与其他轴网对齐,此时会自动出现图 3.20 所示的标头对齐锁与标头对齐线(虚线)。此时再次单击"标头位置",上下移动光标,可控制所有同向轴网的位置。若想要更改单根轴网的长度,可以单击"标头对齐锁"解锁,修改单根轴网标头。

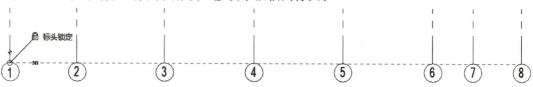

图 3.20 标头对齐锁与标头对齐线

（6）修改临时尺寸标注。单击任意轴网，将显示图 3.21 所示的临时尺寸标注。单击临时尺寸标注，可输入相关数值，按 Enter 键确认，即可修改轴网间距。

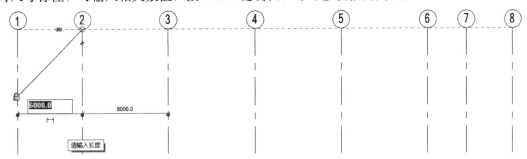

图 3.21　修改临时尺寸标注

【注意】若临时尺寸标注转为永久性尺寸标注，则不可通过更改数值来改变轴网间距。

（7）完成上述操作后，综合楼轴网显示效果如图 3.22 所示。其中Ⓓ轴、Ⓕ轴，一端端点需要隐藏，轴网颜色可设置为红色。

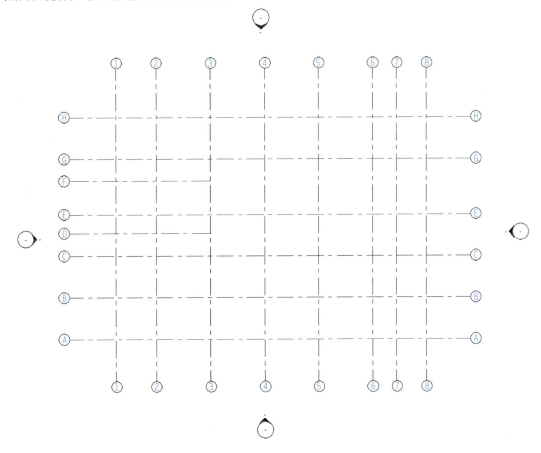

图 3.22　完成轴网创建

（8）标高轴网创建完成后，可另存为"项目样板"格式，命名为"综合楼—建筑样板"。

【小技巧】Revit 常见的文件格式：

①项目文件:".rvt"。
②项目样板文件:".rte"。
③族文件:".rfa"。
④族样板文件:".rft"。

3.3 项目基点与测量点的设置

项目基点定义了项目坐标系的原点(0,0,0),以便保证团队所有成员在同一原点工作,保证后期模型链接时不会出现偏差。项目基点是项目在用户坐标系中测量定位的相对参考坐标原点,需要根据项目特点确定此点的合理位置(项目的位置是会随着基点的位置变换而变化的),一般以①轴和Ⓐ轴的交点为项目基点的位置。

测量点为 Revit 模型提供真实世界的关联环境。测量点代表现实世界中的已知点,如大地测量标记或两条建筑红线的交点。

在"楼层平面:1F"平面视图中,根据图 3.23 所示,在"属性"面板中单击"可见性/图形替换"右侧的"编辑"按钮,弹出"楼层平面:1F 的可见性/图形替换"对话框。

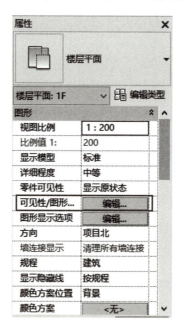

图 3.23 楼层平面属性

项目基点与
测量点的设置

【快捷键】快速进入"可见性/图形替换"窗口的快捷键是"VV"。

【注意】"可见性/图形替换"窗口编辑的内容仅影响当前视图。

如图 3.24 所示,将"场地"下的"项目基点""测量点"进行勾选,单击"确定"按钮,即可在 1F 楼层平面视图中显示项目基点⊗、测量点△符号。单击项目基点或测量点符号,即可出现锁定图标,单击锁定图标即可解锁,并移动项目基点、测量点的位置。

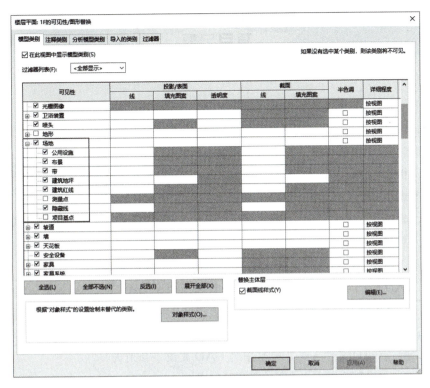

图 3.24　1F 可见性/图形替换窗口

项目实施单

姓名		班级	
任务名称	创建标高与轴网		

1. 什么是项目基点？什么是测量点？

2. 链接 CAD 图纸时，有哪些注意事项？

3. 项目、项目样板、族、族样板的区别是什么？文件后缀格式分别是什么？

31

项目习题

1. （单选题）以下视图中不能创建轴网的是？（　　）
   A. 剖面视图　　B. 立面视图　　C. 平面视图　　D. 三维视图
2. （单选题）视图样板中管理的对象不包括（　　）。
   A. 相机方位　　B. 模型可见性　　C. 视图详细程度　　D. 视图比例
3. （多选题）使用过滤器列表按规程过滤类别，其类别包括（　　）。
   A. 建筑　　B. 机械　　C. 协调　　D. 管道
   E. 规程
4. （多选题）在 Revit 中导入 CAD，下列哪种说法是正确的？（　　）
   A. CAD 图纸原文件更新后，项目中的图纸也会更新
   B. CAD 图纸原文件更新后，项目中的图纸不会更新
   C. 若原 CAD 文件丢失，项目中的 CAD 底图也随着消失
   D. 若原 CAD 文件丢失，项目中的 CAD 底图不会消失
   E. 导入 CAD 和链接 CAD 效果完全一样

项目评价单

任务名称	创建标高与轴网		
评价项目	评价子项目	学生自评	教师评价
资讯环节	1. 软件基本术语的了解情况； 2. 软件快捷键的使用情况		
实施环节	1. 对标高创建与编辑的熟练程度； 2. 对轴网创建与编辑的熟练程度； 3. 对软件快捷键的应用程度		
任务总结			
评价总结			
教师签字		日期	

项目4　结构专业建模

思维导图

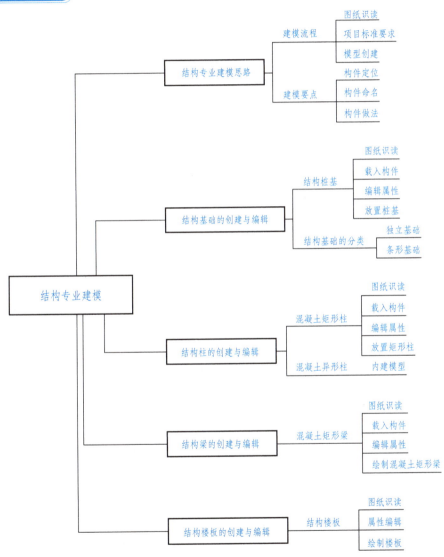

结构专业建模

项目任务单

任务名称	结构专业建模	任务学时	8学时
任务情境	结构专业建模思路；结构基础的创建与编辑；结构柱的创建与编辑；结构梁的创建与编辑；结构板的创建与编辑		
任务描述	通过本项目的学习，完成综合楼项目结构专业模型的创建		
任务目标	1. 了解结构专业建模思路； 2. 掌握结构基础、结构柱、结构梁、结构板的创建与编辑方法； 3. 掌握内建族的创建方法； 4. 了解构件的参数设置方法		
任务准备	1. 识读综合楼结构专业图纸，标记重难点部位； 2. 查阅资料了解参数的概念		

项目任务

4.1 结构专业建模思路

建立结构模型前，为了确保结构模型的正确性和完整性，可先仔细查阅该综合楼项目的结构施工图，了解各结构构件的尺寸、定位、材质等信息，按照自下而上的建模顺序进行建模。

4.1.1 结构专业建模流程

结构专业建模流程如图4.1所示。

4.1.2 结构专业建模要点

（1）本项目基础类型为桩基，由桩基设计说明可知桩类型尺寸有直径500 mm和直径600 mm两种，未注明桩顶标高为−1.600 m，桩顶嵌入承台为50 mm。
（2）确定好桩基的类型后，在模型创建之前需要载入相应的桩基构件族。
（3）结构标高比建筑标高低30 mm。
（4）根据基础平面图中的基础截面详图可知，DL1梁顶标高为−0.850 m，DL2梁顶标高为−0.850 m，DL3梁顶标高为−1.050 m。

图 4.1 结构专业建模流程

（5）本项目基础、底板、柱、梁、板混凝土强度为 C30。

（6）创建结构专业模型时构件命名应符合《综合楼项目交付标准》，本项目基础顶～4.170 m 间的 KZ5 截面尺寸为"450 mm×450 mm"，4.170～7.670 m 间的 KZ5 截面尺寸为"500 mm×400 mm"，因此分别将构件命名为"KZ5-450×450"和"KZ5-500×400"。

（7）需要注意每层板图的楼板表，同编号的板厚、板顶标高都有差异。

4.2 结构基础的创建与编辑

基础是将结构所承受的力传递到地基上的结构组成部分。Revit 提供了三种基础形式，分别为独立基础、条形基础和基础底板，用于生成建筑不同类型的基础形式。在"结构"选项卡"基础"面板中单击要创建基础的按钮可进行结构基础的创建与编辑。

项目模型：结构基础的创建与编辑

4.2.1 综合楼结构桩基的创建与编辑

1. 链接桩位平面图

（1）启动 Revit 2020，单击"新建"按钮，弹出"新建项目"对话框，单击"样板文件"选项组中的"浏览"按钮，在弹出的"选择样板"对话框中根据路径选择"案例模型"文件夹中的"综合楼结构样板.rte"项目样板文件，单击"打开"按钮，跳转到图 4.2 所示的"新建项目"对话框，单击"确定"按钮。

综合楼结构桩基的创建与编辑

图 4.2 新建项目

(2)单击"快速访问工具栏"中的"保存"按钮,将项目文件命名为"综合楼—结构模型"。

(3)在"项目浏览器"面板中"结构平面"下,双击"基础层",打开"基础层平面视图"。在"插入"选项卡"链接"面板中单击"链接CAD"按钮,根据图纸保存路径,执行"工程图纸"→"结构专业"→"桩位平面图"命令。从图纸链接进入后,图纸的轴网与项目的轴网完全对齐并重合。

【注意】链接图纸时需要勾选"仅当前视图可见",导入单位为"毫米",定位"自动:原点—原点"。

2. 载入桩基构件族

单击"插入"选项卡,"从族库中载入"面板中的"载入族"按钮,弹出"载入族"对话框,选择"结构"→"基础"→"桩-混凝土圆形桩"构件族,如图4.3所示。单击"打开"按钮可将族文件载入到项目。

图 4.3 载入桩基构件族

3. 编辑并放置桩基

(1)单击"结构"选项卡,"基础"面板中单击"独立"按钮,在"属性"面板的类型选择器中选择刚刚载入的"桩-混凝土圆形桩"构件族,直径为300 mm,如图4.4所示,单击"编辑类型"按钮,弹出"类型属性"对话框。单击"复制"按钮,弹出"名称"对话框,根据《综合楼项目BIM交付标准》中的构件命名原则,将桩基命名为"ZJ-500",如图4.5所示。

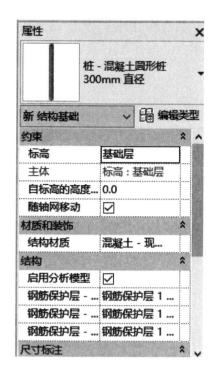

图 4.4 选择桩基

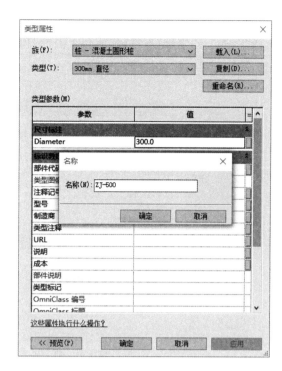

图 4.5 复制并命名桩基

（2）桩基命名后，将尺寸标注值修改为"500"，如图 4.6 所示，单击"确定"按钮。用同样的方法复制并创建"ZJ-600"桩基构件族，此时"属性"面板类型选择器的下拉列表如图 4.7 所示。

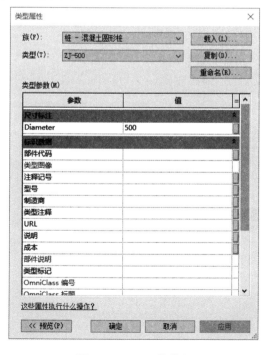

图 4.6 ZJ-500 构件族

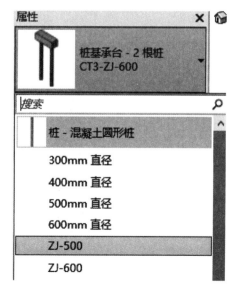

图 4.7 "属性"面板类型选择器的下拉列表

(3)在"插入"选项卡的"从族库中载入"面板中单击"载入族"按钮,弹出"载入族"对话框,选择"结构"→"基础"→"桩基承台-1 根桩"和"桩基承台-2 根桩"构件族,如图 4.8 所示。单击"打开"按钮可将族文件载入项目。

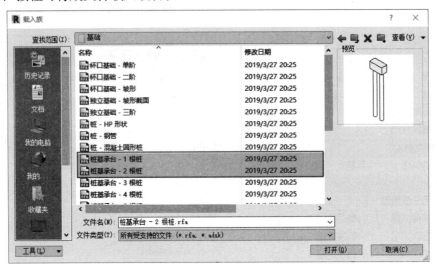

图 4.8　载入桩基承台构件族

(4)符号问题由《桩基设计说明》可知符号为○的桩基直径为 500 mm,符号为◑的桩基直径为 600 mm。在"属性"面板中选择"桩基承台-1 根桩"族类型下的"1 000 mm×1 000 mm×900 mm"构件族,单击"编辑类型"按钮,弹出"类型属性"对话框。单击"复制"按钮并命名为"CT1-ZJ-600",并按照图 4.9 所示内容,修改构件参数。桩类型选择为"桩-混凝土圆形桩:ZJ-600",尺寸标注根据基础平面图中的 CT1 平面图和 1-1 剖面图进行设置。

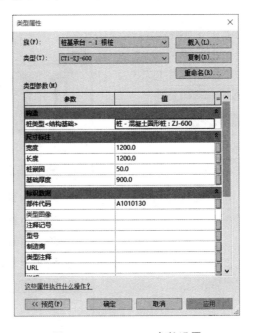

图 4.9　CT1-ZJ-600 参数设置

(5)运用(4)的方法,创建"CT2-ZJ-500",参数设置如图 4.10 所示;创建"CT3-ZJ-600",参数设置如图 4.11 所示。

图 4.10 CT2-ZJ-500 参数设置

图 4.11 CT3-ZJ-600 参数设置

（6）选择"CT1-ZJ-600"桩基构件族，在①号轴网与Ⓐ号轴网交点处，单击放置"CT1-ZJ-600"，软件会自动识别中心点进行放置。

【小技巧】

①单击软件快速访问工具栏（图4.12）中的"细线"按钮，图形将变为细线模式。

②单击"默认三维视图"按钮即可进入三维视图，按住Shift+鼠标滚轮，滑动鼠标即可旋转查看三维模型。

③单击"切换窗口"按钮，即可自由选择切换需要查看的视图。

④单击"关闭隐藏窗口"按钮，除当前视口之外，其余视口都将被关闭。

图4.12 快速访问工具栏

在模型创建过程中，若因软件背景颜色导致图纸不清晰，可执行Revit图标下方的"文件"→"选项"命令，在弹出的"选项"对话框中单击"图形"→"图形"颜色背景，如图4.13所示更改背景色为黑色。

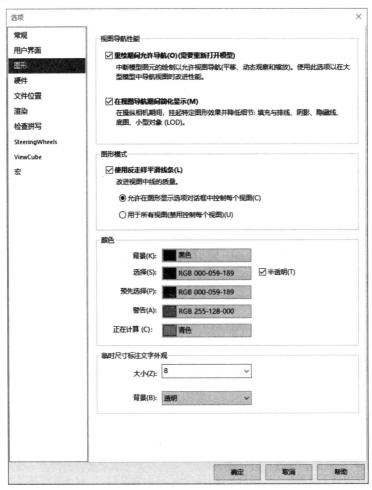

图4.13 背景颜色设置

(7)根据(6)的方法,依次放置其他桩基,三维效果如图 4.14 所示。放置"CT3-ZJ-600"构件族时,按 Space 键,可调整构件的放置方向。

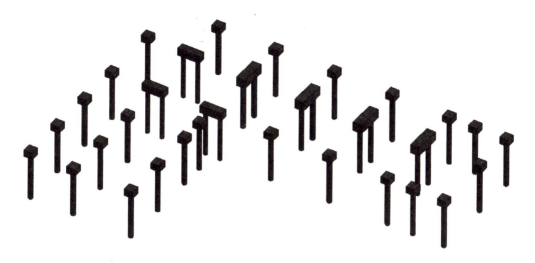

图 4.14 桩基三维效果

【小技巧】

视图控制栏如图 4.15 所示。

①视图比例 1:100 :在图纸中用于表示对象的比例系统,可为项目中的每个视图指定不同比例,也可以创建自定义视图比例;

②详细程度：Revit 提供了详细、中等、粗略三种详细程度;

③视觉样式：Revit 提供了线框、隐藏线、着色、一致的颜色、真实五种视觉样式。

图 4.15 视图控制栏

4.2.2 拓展延伸——结构基础的分类

1. 独立基础

独立基础又称单独基础。用于单柱或高耸构筑物并自成一体的基础,它的形式按材料性能和受力状态选定,平面形式一般为圆形或多边形。

启动 Revit 2020,在"插入"选项卡的"从族库中载入"面板中单击"载入族"按钮,弹出"载入族"对话框,选择"结构"→"基础"的路径选择"独立基础"构件族,单击"打开"按钮可将族文件载入项目。独立基础的编辑与放置方法同桩基,独立基础在 Revit 放置后的效果如图 4.16 所示。

异形结构柱的创建与编辑

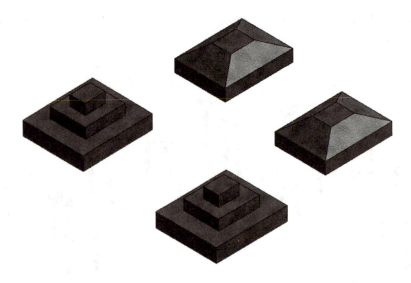

图 4.16　Revit 中的独立基础

2. 条形基础

条形基础是指基础长度远远大于宽度的一种基础形式。基础的长度大于或等于 10 倍基础的宽度。按上部结构分为墙下条形基础和柱下条形基础。

在 Revit 软件中，条形基础是依附于墙体而生成的，在创建条形基础前需创建墙体，墙体的绘制与编辑将在 5.2 节中详细介绍。墙体绘制完成后，单击"结构"选项卡的"基础"面板中"条形"按钮，在"属性"面板的类型选择器中选择"条形基础"，在平面视图中单击墙体，墙体下方将自动生成条形基础，Revit 中的条形基础三维效果如图 4.17 所示。

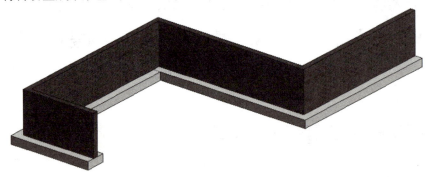

图 4.17　Revit 中的条形基础三维效果

4.3　结构柱的创建与编辑

Revit 提供了两种柱形式：结构柱和建筑柱。结构柱主要用于支撑上部结构和承载荷载；而建筑柱主要起装饰围护作用。

项目模型：结构柱的创建与编辑

4.3.1 综合楼结构柱的创建与编辑

(1)启动 Revit 2020,打开 4.2 节中操作的"综合楼—结构模型"项目文件,在"基础层"结构平面视图中,单击上节操作中导入进来的桩基平面图,单击图纸中心位置的锁定图标 ,对锁定的图纸进行解锁,图标变为 ,按 Delete 键,即可删除桩基平面图。

(2)在"基础层"结构平面视图中,单击"插入"选项卡"链接 CAD"按钮,根据图纸保存路径,选择"工程图纸"→"结构专业"→"柱网平面图一"。同样需要注意:勾选"仅当前视图",导入单位为"毫米",定位为"自动:原点-原点"。

单击"柱网平面图一"的"属性"面板如图 4.18 所示,绘制图层设置为"前景",即将图纸图层显示在构件图元上方。

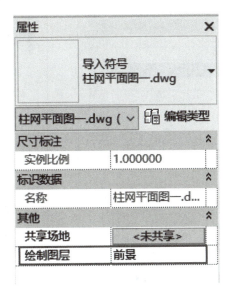

图 4.18 图纸属性

综合楼结构柱的创建与编辑

(3)单击"插入"选项卡的"从族库中载入"面板中"载入族"按钮,弹出"载入族"对话框,选择"结构"→"柱"→"混凝土"→"混凝土-矩形-柱"构件族,如图 4.19 所示。单击"打开"按钮可将族文件载入项目。

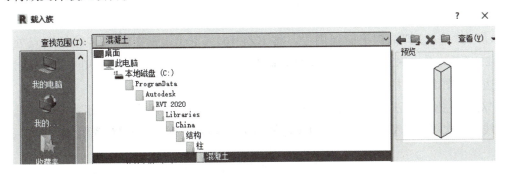

图 4.19 载入混凝土-矩形-柱构件族

(4)单击"结构"选项卡"结构"面板中的"柱"按钮,在"属性"面板的类型选择器中选择"混凝土-矩形-柱:300 mm×450 mm"构件族,单击"编辑类型"按钮,弹出"类型属性"对话框,单击"复制"按钮并命名"KZ1-400×400",修改尺寸标注"$b=400;h=400$",如图 4.20 所示。按照同样的操作,根据柱网平面图一中的柱截面尺寸信息,在 Revit 中完成其他结构柱的属性编辑,最终所示效果如图 4.21 所示。

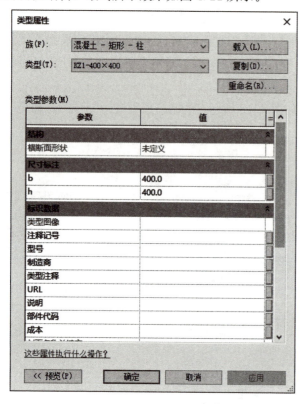

图 4.20　编辑 KZ1-400×400 柱属性　　　　图 4.21　结构柱属性信息

(5)选择"KZ1-400×400"构件族,视口上方工具栏按图 4.22 所示设置为"高度:2F",表示柱底部标高为"基础层",顶部标高为"2F"。

图 4.22　结构柱标高设置

(6)在"基础层"结构平面视图中,将 KZ1-400×400 放置在①轴与Ⓐ轴交点处,如图 4.23 所示,单击 KZ1-400×400 构件,借助"修改"选项卡"修改"面板中的"对齐"按钮,将柱边线与图纸中的柱边线对齐。

"对齐"使用方法:单击"修改"选项卡"修改"面板中的"对齐"按钮,单击图纸中的柱边线,再次单击模型中构件柱的边线,如图 4.24 所示,即可完成"对齐"。

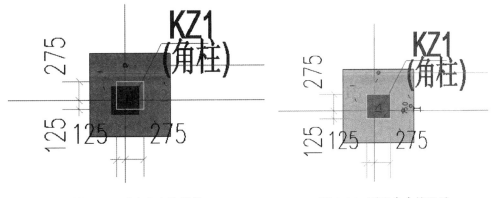

图 4.23 对齐命令使用前　　　　　图 4.24 对齐命令使用后

【快捷键】"对齐"命令的快捷键为"AL"。

(7)运用同样的方法,完成柱网平面图一中其他结构柱的放置,三维效果如图 4.25 所示。

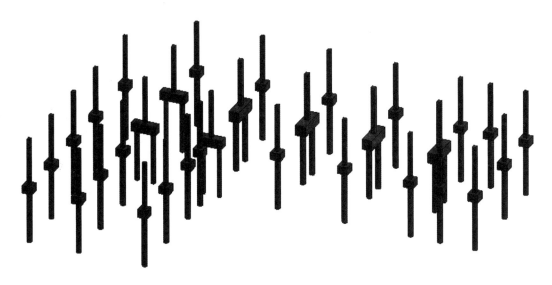

图 4.25 结构柱三维效果

(8)桩基设计说明中要求"未注明桩桩顶高度均为-1.600 m",桩顶嵌入承台的厚度为 50 mm,因此承台底部标高为-1.650 m。在 Revit 中,结构基础的标高可以随结构柱的底部标高而移动,调整结构柱的底部标高,从而可以调整结构基础的顶部标高。

在基础平面视图中,点选任意一个已经放置好的"KZ1-400×400"结构柱构件族,单击鼠标右键在弹出的列表中执行"选择全部实例"→"在视图中可见"命令,此时所有"KZ1-400× 400"构件都将亮显。根据图 4.26 所示,在"属性"面板中修改"底部偏移"值为"850"(CTI-ZJ-600 承台厚度值 900 mm 减桩顶嵌入承台的厚度 50 mm)。弹出图 4.27 所示的"警告"对话框,单击"确定"按钮即可。

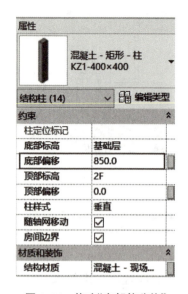

图 4.26 修改"底部偏移值"

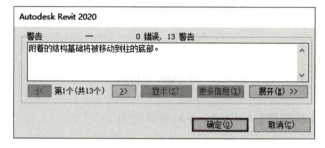

图 4.27 "警告"对话框

(9)在南立面视图中,单击"注释"选项卡"尺寸标注"面板中的"高程点"按钮,如图 4.28 所示,①轴处的结构基础"CT1-ZJ-600"承台底部标高为 -1.650 m,符合设计说明的要求。

图 4.28 ①轴处 CT1-ZJ-600
基础承台底部标高

按照此原理逐类修改其他结构柱的底部标高偏移值,保证所有承台底部标高为 -1.650 m。底部偏移值调整可参考表 4.1 柱网平面图—结构柱底部标高偏移值表。

表 4.1 柱网平面图—结构柱底部标高偏移值表

桩基承台族类型	承台厚度	结构柱族类型	结构柱底部偏移值
CT1-ZJ-600	900 mm	KZ1-400×400	850 mm
		KZ2-400×400	
		KZ4-400×400	
		KZ7-500×400	
CT2-ZJ-500	1 000 mm	KZ2-400×400	950 mm
		KZ4-400×400	
CT3-ZJ-600	1 200 mm	KZ5-450×450	1 150 mm
		KZ6-450×450	

【快捷键】"高程点注释"命令的快捷键为"EL"。

完成上述操作后,单击"保存"按钮 💾。

4.3.2 拓展延伸——异形结构柱的创建与编辑

本小节根据图 4.29 所示的异形柱来讲解。

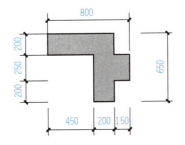

图 4.29 异形柱截面尺寸信息

异形结构柱的创建与编辑

(1)在平面视图中,根据图 4.30 的提示,单击"结构"选项卡"模型"面板"构件"下拉列表中的"内建模型"按钮。弹出图 4.31 所示的"族类别和族参数"对话框,选择"柱",单击"确定"按钮,弹出图 4.32 所示的"名称"对话框,命名为"异形柱",进入内建族界面。

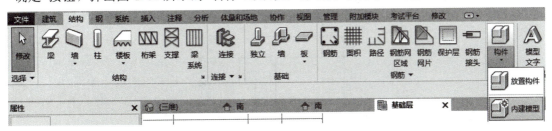

图 4.30 内建模型

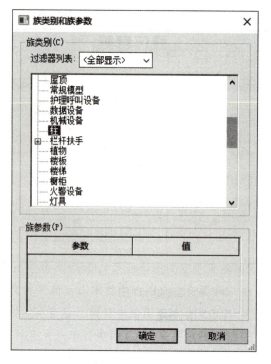

图 4.31 "族类别和族参数"对话框

图 4.32 内建族命名

(2)在平面视图中,单击"创建"选项卡"形状"面板中的"拉伸"按钮,切换至"修改"→"创建拉伸"上下文选项卡,在"绘制"面板中单击"直线"按钮。在视图中任意单击一点,向右移动光标,键盘输入"650",按 Enter 键确定即可绘制出一条 650 mm 长的草图模型线。

根据图 4.29 所示尺寸信息,进行异形柱截面轮廓的绘制,草图效果如图 4.33 所示。单击"完成编辑模式"按钮完成模式,即可完成异形柱截面草图轮廓的编辑。

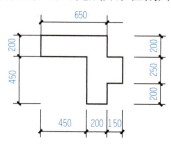

图 4.33 异形柱草图轮廓

(3)如图 4.34 所示,在"属性"面板中可以通过异形柱的"拉伸起点"和"拉伸终点"来控制异形柱的高度。也可以在"立面视图"通过拖动操纵柄调整高度。

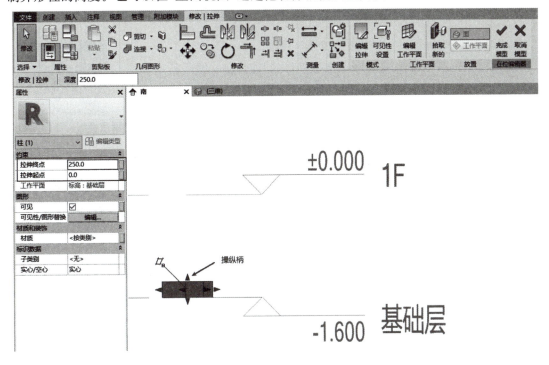

图 4.34 异形柱高度调整

(4)单击图 4.35 中的"完成模型"按钮,即可退回项目界面,完成异形柱构件族的创建。

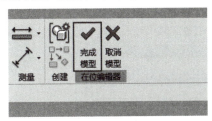

图 4.35 完成模型

4.4 结构梁的创建与编辑

以"综合楼"为例,进行结构梁的创建与编辑。

(1)启动 Revit 2020,打开 4.3 节中操作的"综合楼—结构模型"项目文件,在基础层结构平面视图中,删除柱网平面图一。进入 2F 结构平面视图,将 4.170 m 层梁施工图图纸链接进来。

项目模型:结构梁的创建与编辑

(2)按照前文的载入方法,找到"混凝土—矩形梁"构件族,并载入项目。

(3)单击"结构"选项卡"结构"面板中的"梁"按钮,在"属性"面板类型选择器中选择"混凝土—矩形梁:400 mm×800 mm"构件族,单击"编辑类型"按钮,弹出"类型属性"对话框。根据 4.170 m 层梁施工图①号轴线上的 KL1 集中标注可得,KL1 的截面尺寸为"250 mm×650 mm"。因此,在"类型属性"对话框中,单击"复制"按钮将其命名为"KL1-250×650",修改尺寸标注"$b=250;h=650$",如图 4.36 所示。

结构梁的创建与编辑

同理,根据 4.170 m 层梁施工图中的梁尺寸信息,在 Revit 中完成其他结构梁的属性编辑,最终效果如图 4.37 所示。

图 4.36 KL1-250×650 属性编辑

图 4.37 结构梁属性信息

(4)打开 2F 结构平面视图光标,选择"KL1-250×650"结构梁,在"绘制"面板中单击"直线"按钮,在①轴与Ⓐ轴交点处单击一点作为起始点,向上滑动光标,根据图纸所示位置,在①轴与⑥轴交点处单击第二点,按 Esc 键退出。可将详细程度 调整为"精细",视觉样式 调整为"真实",如图 4.38 所示,可清晰地查看到刚刚所绘制的 KL1。

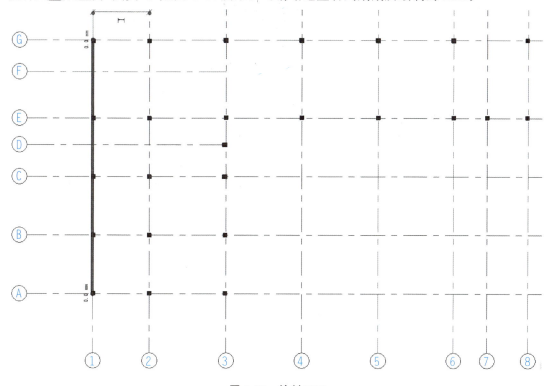

图 4.38 绘制 KL1

同样的方法绘制其他结构梁,由集中标注可知,②~③轴与⑥~⑭轴区间内的 L2、L3、L9 需要降标高,本楼层往下降-0.030 m。按住 Ctrl 键加选单击已绘制好的 L2、L3、L9,在图 4.39 所示的"属性"面板中,修改"Z 轴偏移值"为-30 mm,即可完成高度的调整。

图 4.39 梁高度调整

【注意】在 Revit 中,绘制梁时的"参照标高",即梁顶部标高。创建 4.170 m 处的结构梁,需要设定参照标高为 2F(4.170 m)。因此需要在 2F 结构平面视图中绘制 4.170 m 层结构梁。

4.170 m 层结构梁创建完成后,单击"保存"按钮,三维效果如图 4.40 所示。

图 4.40 结构梁三维效果

4.5 结构楼板的创建与编辑

以"综合楼"为例,进行结构楼板的创建与编辑。

(1)启动 Revit 2020,打开 4.4 节中操作的"综合楼-结构模型"项目文件,在 2F 结构平面视图中,删除 4.170 m 层梁施工图,将 4.170 m 层板施工图图纸链接进来。

(2)单击"结构"选项卡"结构"面板中的"楼板"按钮,直接进入楼板编辑模式。在"属性"面板类型选择器中选择"楼板:常规—150 mm"构件族,单击"编辑类型"按钮,弹出"类型属性"对话框。根据 4.170 m 层板施工图中的楼板钢筋一览表(见表 4.2)可得:LB1 的板厚为"100 mm",板顶标高为"$H-0.030$"。因此,在"类型属性"对话框中,单击"复制"按钮,将其命名为"LB1-100"。

(3)如图 4.41 所示,单击"结构"后的"编辑"按钮,弹出"编辑部件"对话框,修改"结构[1]"功能层的厚度为"100",如图 4.42 所示。

项目模型:结构楼板
的创建与编辑

结构楼板的
创建与编辑

表 4.2 楼板钢筋一览表

板号	板厚/mm	楼板钢筋		标高
		板下排钢筋(拉通)	板上排钢筋(拉通)	(H 为基准标高)
LB1	100		X&YΦ6@150	$H-0.030$
LB2	120		X&YΦ8@150	H
LB3	140		X&YΦ10@120	H

续表

板号	板厚/mm	楼板钢筋		标高
		板下排钢筋(拉通)	板上排钢筋(拉通)	(H 为基准标高)
LB4	100	X&YΦ8@200		H
LB5	140	X&YΦ10@150		H

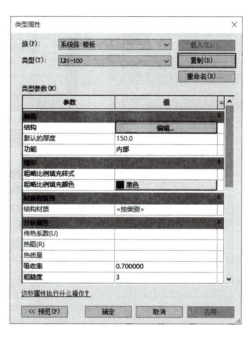

图 4.41 结构板属性编辑

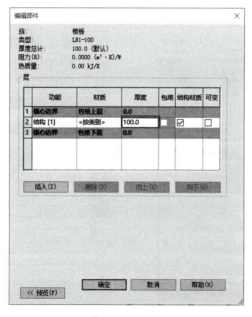

图 4.42 编辑板厚

（4）根据设计说明得知板材质为"混凝土-C30"，在"编辑部件"对话框中，单击"材质"中的小方块按钮，弹出"材质浏览器"对话框，在搜索栏中搜索"混凝土"，选择"混凝土-现场浇筑混凝土"材质，单击鼠标右键选择"重命名"，更改材质名称为"混凝土-C30"，如图4.43 所示。选中"混凝土-C30"材质，单击"确定"按钮，楼板材质即"混凝土-C30"，如图4.44 所示，再单击"确定"按钮，完成"LB1-100 mm"的属性编辑。

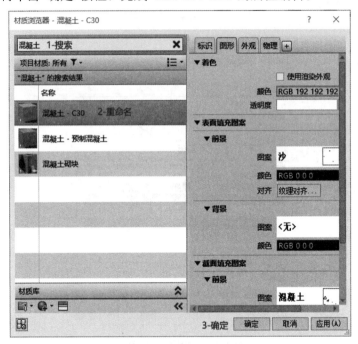

图 4.43　编辑板材质

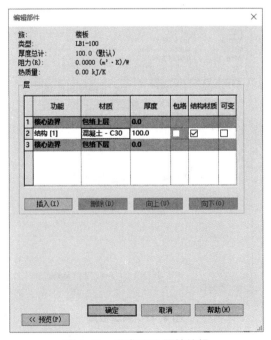

图 4.44　完成 LB1 属性编辑

(5)在"属性"面板中,按照图 4.45 所示,修改"自标高的高度偏移"值为-30 mm。

图 4.45 修改 LB1 标高

(6)在"绘制"面板单击"直线"按钮,沿梁中心线按图 4.46 所示绘制 LB1 草图。单击上方"完成编辑模式"按钮,弹出图 4.47 的提示,选择"否",即可完成 LB1 的绘制。

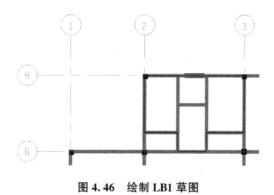

图 4.46 绘制 LB1 草图

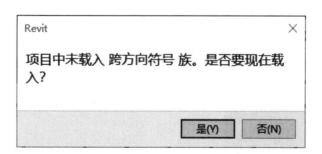

图 4.47 提示

(7)根据上述操作步骤,完成其余楼板的创建,LB1、LB2、LB3、LB4、LB5 平面布置分别如图 4.48~图 4.52 所示。

本项目沿着梁中心线进行楼板轮廓的绘制、建模过程中,相同类型、相同顶部标高的楼板可在同一草图编辑模式下完成,确保楼板创建完成后,单击任意一块楼板,相同类型、相同顶部标高的楼板同时亮显,便于模型管理。

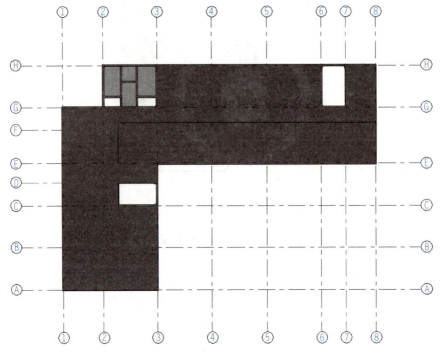

图 4.48　LB1 平面布置

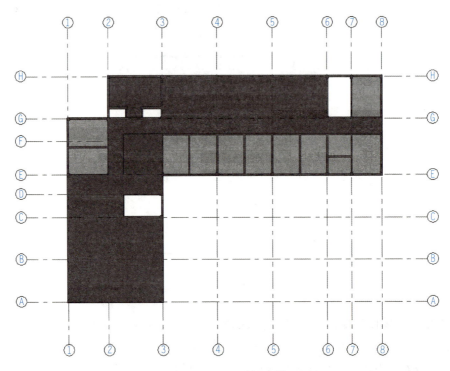

图 4.49　LB2 平面布置

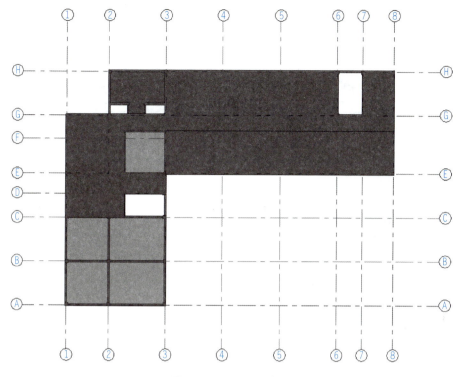

图 4.50 LB3 平面布置

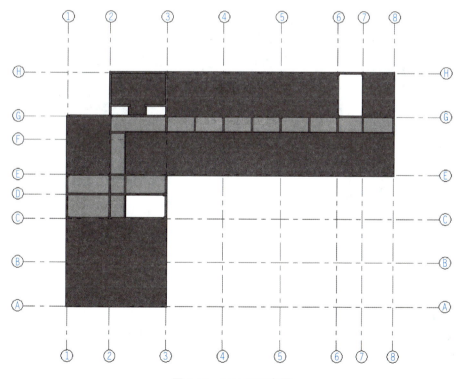

图 4.51 LB4 平面布置

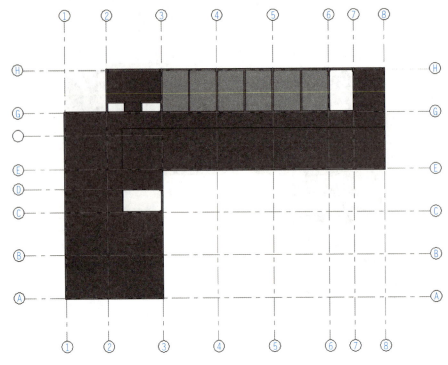

图 4.52 LB5 平面布置

楼板创建完成后三维效果如图 4.53 所示。

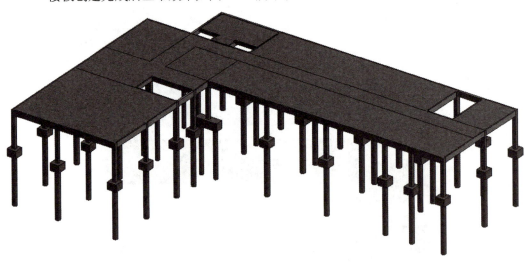

图 4.53 楼板三维效果

【注意】

在 Revit 中,绘制楼板草图时,草图线必须闭合,且草图线无相交。
在 Revit 中,绘制板时的"参照标高",即板顶部标高。

项目实施单

姓名		班级	
任务名称		结构专业建模	

1. Revit 提供了哪三种基础形式？本项目的基础类型是？

2. 本项目结构与建筑的高差是多少？

3. 项目交付标准中对于结构基础、结构柱、结构梁、结构板的命名要求分别是什么？

项目实施单

1. （单选题）以下哪项所述构件信息与图 4.54 相符？（ ）
   A. 梁宽 300mm，梁高 850mm，梁顶标高 4.300m
   B. 梁宽 850mm，梁高 300mm，梁顶标高 4.300m
   C. 梁宽 300mm，梁高 850mm，梁顶标高 4.290m
   D. 梁宽 850mm，梁高 300mm，梁顶标高 4.290m

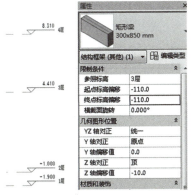

图 4.54 单选题 1 图

2. (单选题)图 4.55 是设定( )的操作显示。

    A. 视觉样式　　　B. 详细程度　　　C. 比例　　　　　D. 隐藏分析模型

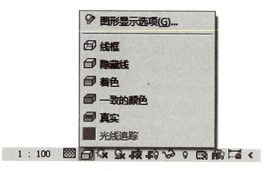

图 4.55　单选题 2 图

项目评价单

任务名称	结构专业建模		
评价项目	评价子项目	学生自评	教师评价
资讯环节	1. 项目标准中关于结构建模部分的了解情况； 2. 结构专业图纸的识读情况		
实施环节	1. 对结构专业建模流程的了解程度； 2. 对结构专业模型创建的完整程度； 3. 模型的精细程度； 4. 对软件快捷键的应用程度		
任务总结			
评价总结			
教师签字		日期	

项目 5　建筑专业建模

思维导图

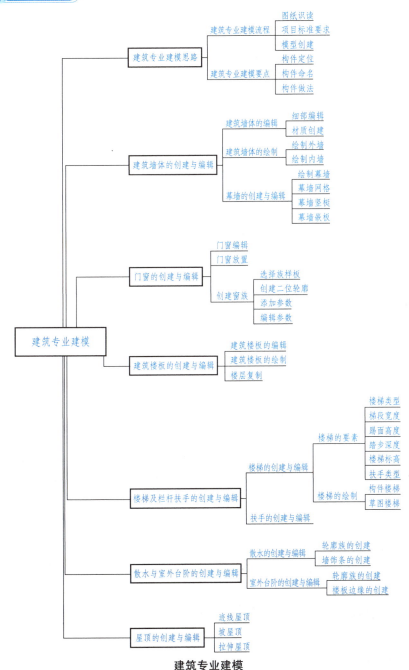

建筑专业
案例图纸

建筑专业建模

项目任务单

任务名称	建筑专业建模	任务学时	24学时
任务情境	建筑专业建模思路；建筑墙体的创建与编辑；门窗的创建与编辑；建筑楼板的创建与编辑；楼梯及栏杆扶手的创建与编辑；散水及室外台阶的创建与编辑；屋顶的创建与编辑		
任务描述	通过本项目的学习，完成综合楼项目建筑专业模型的创建		
任务目标	1. 了解建筑专业建模思路； 2. 掌握建筑墙体、门窗、楼板、楼梯及栏杆扶手、散水及室外台阶、屋顶的创建与编辑方法； 3. 掌握材质的创建方法； 4. 掌握 Revit 软件的建模技巧		
任务准备	1. 识读综合楼建筑专业图纸，标记重难点部位； 2. 查阅资料了解建筑构件的构造组成		

项目任务

5.1 建筑专业建模思路

5.1.1 建筑专业建模流程

建筑专业建模流程如图 5.1 所示。

5.1.2 建筑专业建模要点

(1)建筑专业模型构件创建之前需要根据材料做法表进行构件属性编辑，在 Revit 资源浏览器中若找不到相同名称的材质，可用同类型材质进行替换。

(2)建筑专业样板创建时，需要提前根据门窗表和门窗详图进行门窗构件的创建。

(3)依据立面视图确定窗台底高度。

(4)楼梯模型创建前需要确定楼梯梯段宽度、梯井宽度、踏步深度、踢面高度、平台宽度、栏杆类型、楼梯底部标高和顶部标高。

(5)散水与室外台阶的底部标高都为室外地坪，可借助墙饰条和楼板边缘命令创建散水和室外地坪，材质为混凝土-C30。

(6)本项目屋顶为平屋顶，暂不考虑檐沟等。

(7)一层部分墙底部标高为地梁顶部。

(8)建筑楼板创建时沿着墙中心线进行绘制，墙附着到楼板底部。

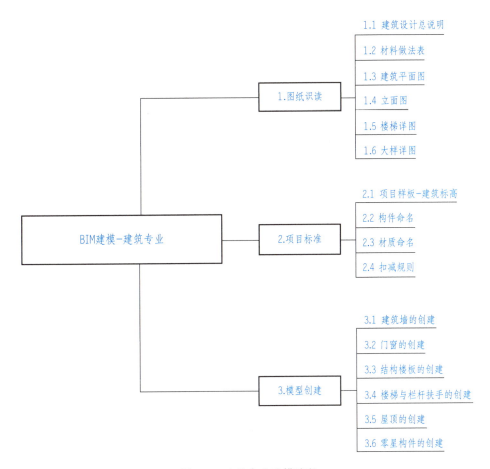

图 5.1　建筑专业建模流程

5.2　建筑墙体的创建与编辑

墙体作为建筑物的重要组成部分,主要起维护和分割空间的作用,还具有隔热、保温、隔声的功能,同时也是门、窗等建筑构件的承载主体。Revit 中主要有基本墙、叠层墙和幕墙三种类型的墙,在"建筑"选项卡下的"墙"选项栏中可进行建筑墙体的创建与编辑。

项目模型：建筑墙体的编辑与创建

5.2.1　综合楼建筑墙体的编辑

(1)启动 Revit 2020,选择 3.2 节中操作的"综合楼-建筑样板"项目文件,单击打开按钮。

在"项目浏览器"面板中双击"楼层平面"下的"1F",打开一层平面视图。

综合楼建筑墙体的编辑

(2)在"建筑"选项卡"构建"面板中单击"墙"下拉按钮,在下拉列表中单击"墙:建筑"按钮,如图5.2所示。

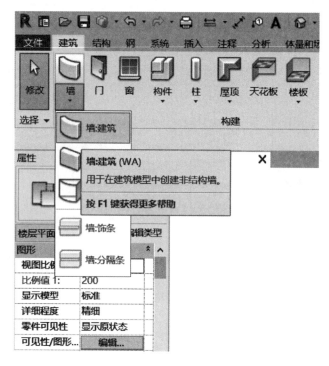

图5.2 选择"墙:建筑"命令

(3)在"属性"面板类型选择器中选择"基本墙:常规-200 mm"构件族,单击"编辑类型"按钮,弹出"类型属性"对话框。单击"复制"按钮,将其命名为"外墙-240 mm",单击"确定"按钮。

(4)单击"类型参数""结构"后的"编辑"按钮,弹出"编辑部件"对话框,根据建筑设计总说明中的材料说明表,除结构层"200厚混凝土砌块"外还有三个功能层,单击"插入"添加三个新功能层,选中其中一层单击"向上"按钮可将该功能层向上移动,同理单击"向下"按钮可将该功能层向下移动,按序排好后设置各功能层名称,最终效果如图5.3所示。

【小贴士】墙体功能层分为"结构[1]""衬底[2]""保温层/空气层[3]""面层1[4]""面层2[5]"和"涂膜层"6种,当墙与墙连接时会优先连接优先级高的层,[ ]内的数字越小其优先级越高。

(5)根据设计说明可知"面层1[4]"材质为"咖啡色涂料",在"编辑部件"对话框中,单击"面层1[4]"材质后的 按钮,弹出"材质浏览器"对话框,单击左下角"创建并复制材质"按钮 选择"新建材质",单击鼠标右键将新建材质重命名为"咖啡色涂料",单击"打开/关闭资源浏览器"按钮 。弹出"材质浏览器"对话框,步骤如图5.4所示。

(6)搜索"咖啡色",选择"外观库:墙漆"中的"咖啡色"材质,单击材质右侧"使用此资源替换编辑器中的当前资源"按钮 或双击材质即可完成该功能层材质的定义,步骤如图5.5所示。

图 5.3 插入功能层

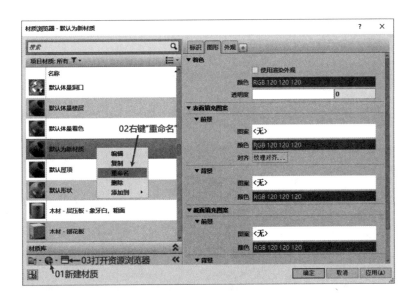

图 5.4 新建材质

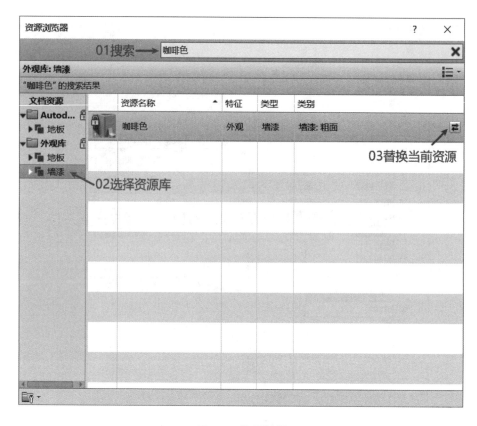

图 5.5 选择材质

咖啡色涂料外观最终效果如图 5.6 所示,单击"确定"按钮。

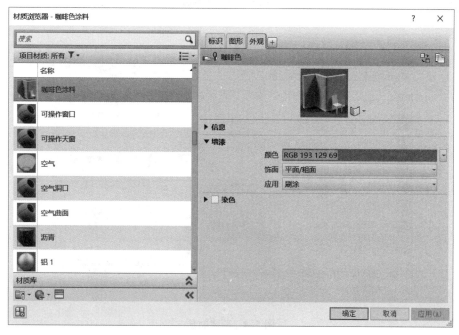

图 5.6 材质"咖啡色涂料"

根据建筑设计总说明中的材料说明表,"面层 1[4]"的厚度为 10,设置好后如图 5.7 所示。

图 5.7 "面层 1[4]"参数设置

(7)单击"保温层/空气层[3]",按照(5)的步骤设置材质,创建新材质命名为"聚苯乙烯泡沫保温板",按照(6)在"资源浏览器"中搜索"聚苯乙烯泡沫",选择"固体"中的"聚苯乙烯泡沫-低密度"材质(图 5.8),双击此材质,完成该层定义。

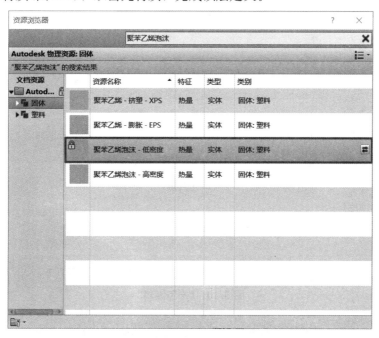

图 5.8 "聚苯乙烯泡沫—低密度"

(8)单击"结构[1]"材质后的按钮,弹出"材质浏览器"对话框,该功能层材质"混凝土砌块"在软件中默认存在,直接在"材质浏览器"搜索(图 5.9),单击"确定"按钮即可。

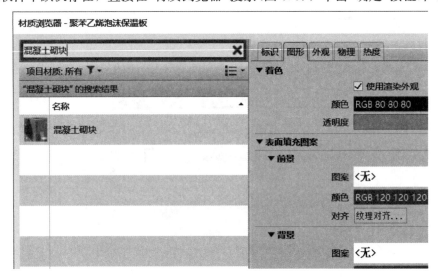

图 5.9 "混凝土砌块"

(9)单击"面层 2[5]",按照(5)的步骤设置材质,创建新材质命名为"米色涂料",按照(6)在"资源浏览器"中搜索"米色",选择"外观库:墙漆"中的"米色"材质(图 5.10),完成该层定义。

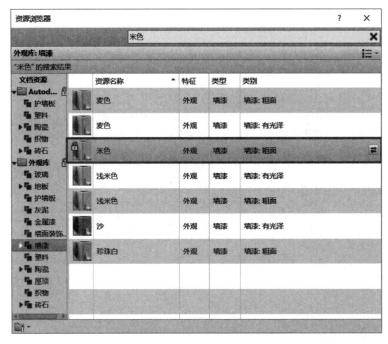

图 5.10 "米色涂料"

"编辑部件"对话框最终设置如图 5.11 所示,单击"确定"按钮完成外墙属性的编辑。

图 5.11 外墙属性编辑

(10) 开始设置内墙属性。在"属性"面板中同样选择"基本墙：常规-200 mm"构件族，单击"编辑类型"按钮，弹出"类型属性"对话框。单击"复制"按钮，将其命名为"内墙-240 mm"，单击"确定"按钮完成基本墙内墙创建。

(11) 单击"类型参数"→"结构"后的"编辑"按钮，弹出"编辑部件"对话框，同样根据建筑设计总说明中的材料说明表，除结构层"220 厚混凝土砌块"外还有两个功能层，单击"插入"按钮添加两个新功能层，之后步骤与(4)同理，使用"向上"和"向下"按钮将"面层 1[4]"和"面层 2[5]"按序排列并设置功能层名称，如图 5.12 所示。

图 5.12 内墙结构编辑

(12)"面层 1[4]""结构[1]"与"面层 2[5]"的材质分别为"米色涂料""混凝土砌块"和"米色涂料",这两个材质在编辑外墙结构时都有创建,在"材质浏览器"中直接搜索创建好的材质,并单击"确定"按钮即可。根据建筑设计总说明中的材料说明表设置各功能层厚度,最终设置如图 5.13 所示,单击"确定"按钮完成内墙属性的编辑。

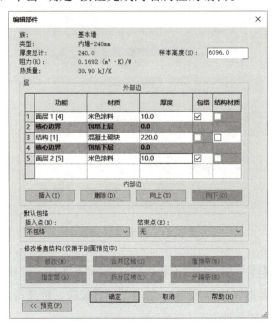

图 5.13 内墙属性编辑

5.2.2 综合楼建筑墙体的绘制

(1)在"建筑"选项卡"构建"面板中单击"墙"下拉按钮,在下拉列表中单击"墙:建筑"按钮,在"属性"面板中选择 5.2.1 小节中编辑好的外墙墙体"外墙-240 mm",设置"定位线"为"墙中心线","底部约束"为"室外地坪","顶部约束"为"直到标高:2F","底部偏移"与"顶部偏移"均为"0",如图 5.14 所示。

综合楼建筑墙体的创建

(2)在"修改|放置墙"上下文选项卡"绘制"面板中单击"直线"按钮,第一点单击①轴与Ⓐ轴的交点,第二点单击③轴与Ⓐ轴的交点,如图 5.15 所示。

(3)继续按图纸所示完成其他外墙的绘制,显示效果如图 5.16 所示。

【注意】选中一段墙体单击"修改墙的方向"按钮(图 5.17)或按 Space 键可更改墙体内外方向,有按钮的一侧为墙体外侧。

(4)在"建筑"选项卡"构建"面板中单击"墙"下拉按钮,在下拉列表中单击"墙:建筑"按钮,在"属性"面板中选择 5.2.1 小节中编辑好的内墙墙体"内墙-240 mm",同样设置"定位线"为"墙中心线","底部约束"为"室外地坪","顶部约束"为"直到标高:2F","底部偏移"与"顶部偏移"均为"0",如图 5.18 所示。

图 5.14 外墙属性

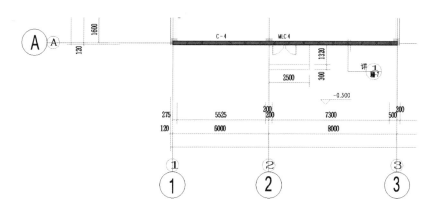

图 5.15 外墙绘制

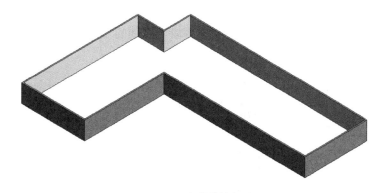

图 5.16 完成外墙创建

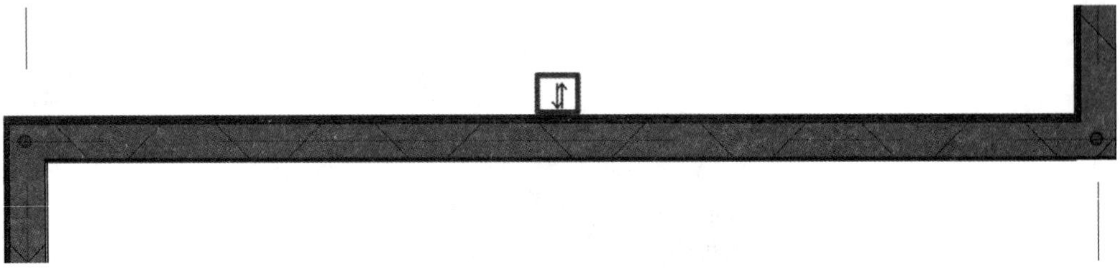

图 5.17　修改墙的方向

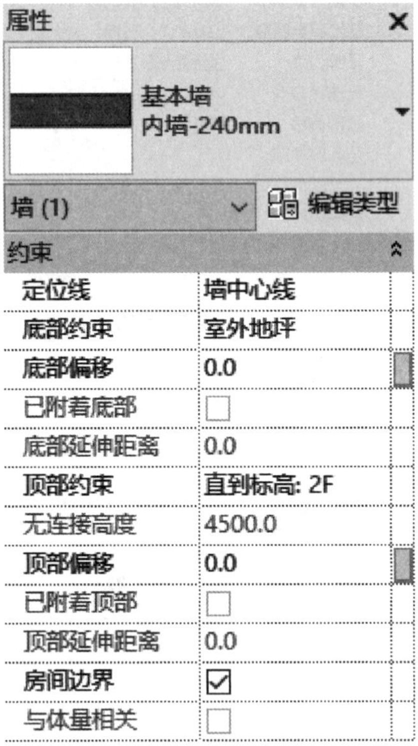

图 5.18　内墙属性

（5）在"修改｜放置墙"上下文选项卡"绘制"面板中单击"自线"按钮，第一点单击①轴与ⓒ轴的交点，向右滑动光标，第二点单击③轴与ⓒ轴的交点，完成第一道内墙的绘制，如图 5.19 所示。

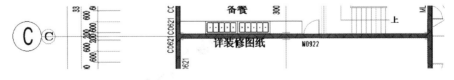

图 5.19　内墙绘制

（6）根据一层平面图所示完成其他内墙的绘制，三维显示效果如图 5.20 所示。

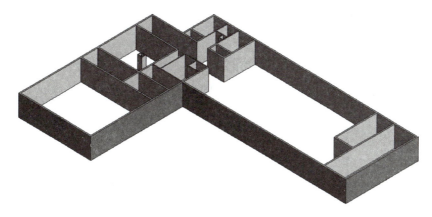

图 5.20　完成内墙创建

5.2.3　拓展延伸——幕墙的创建与编辑

由于综合楼项目内没有建筑幕墙,本小节采用例题来讲解。

例题:按要求建立幕墙模型,尺寸、外观与图 5.21 一致,幕墙竖梃采用"圆形竖梃:30 mm 半径",幕墙嵌板材质为"系统嵌板:玻璃",按照图示添加幕墙门"门嵌板 50-70 双嵌板铝门:50 系列有横档"。

幕墙的创建与编辑

(1)在"建筑"选项卡"构建"面板中单击"墙"下拉按钮,在下拉列表中单击"墙:建筑"按钮,在"属性"面板类型选择器中选择"幕墙"构件族,设置"底部约束"为"1F","底部偏移"为"0","顶部约束"为"未连接","无连接高度"为"4 000",如图 5.22 所示。

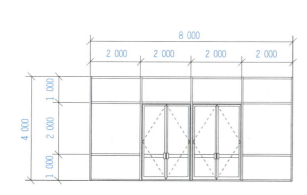

图 5.21　幕墙样例

图 5.22　幕墙属性

(2)在"1F"上任意单击一点,向右移动光标,输入值"8 000",按 Enter 键确定,完成幕墙的绘制,三维效果如图 5.23 所示。

(3)垂直网格间距均为 2 000 mm,采用自动划分垂直网格。单击"编辑类型",弹出"类型属性"对话框,"垂直网格"下的"布局"设为"固定距离","间距"为"2 000",单击"确定"按钮,如图 5.24 所示。

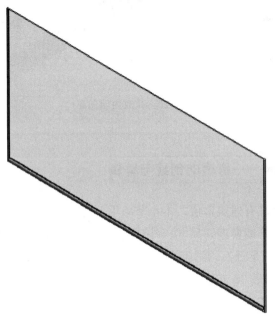

图 5.23　完成幕墙绘制

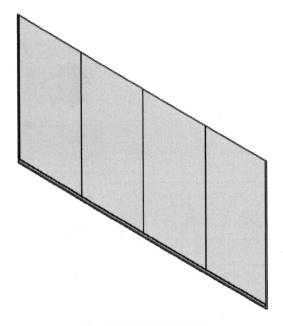

图 5.24　垂直网格的划分

(4)水平网格间距不同,采用手动划分水平网格。切换至"立面视图:南"立面视图中,在"建筑"选项卡"构建"面板中单击"幕墙网格"按钮,按照图5.25所示,将鼠标光标放在幕墙垂直边界线的任意位置,单击一点,即可划分水平网格。

点选放置的水平网格,可通过修改临时尺寸标注来修改网格的水平位置,如图5.26所示。

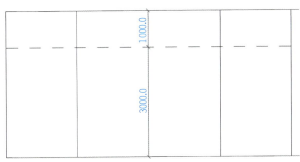

图5.25　放置水平网格

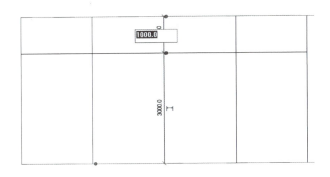

图5.26　修改临时尺寸标注

(5)按照同样的方法,手动放置第二根水平网格,最终效果如图5.27所示。

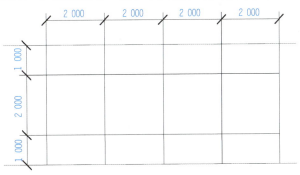

图5.27　幕墙网格的划分

(6)选中"1 000 mm"处的水平网格,在"修改|幕墙网格"上下文选项卡"幕墙网格"面板中单击"添加/删除线段"按钮,如图5.28所示,单击第一段幕墙网格,即可删除此段。再次单击第二段幕墙网格,即可达到图5.29所示效果。

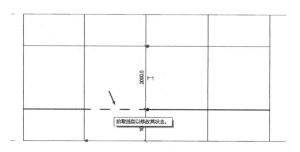

图 5.28 删除网格线段 1

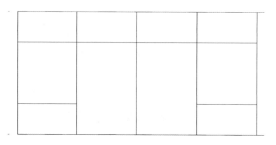

图 5.29 删除网格线段 2

(7)案例中竖梃为"圆形竖梃:30 mm 半径",首先需要创建一个圆形竖梃:30 mm 半径。在"项目浏览器"面板中选择"族"→"幕墙竖梃"→"圆形竖梃",双击"25 mm 半径",弹出"类型属性"对话框,单击"复制"按钮,将其命名为"30 mm 半径",单击"确定"按钮。

(8)将"类型属性"对话框中的"其他"下的"半径"改为"30",单击"确定"按钮,如图 5.30 所示。

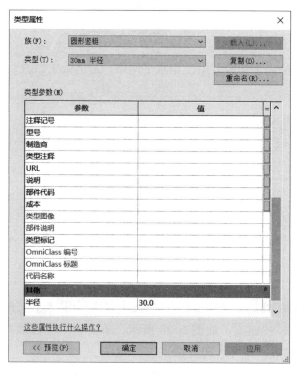

图 5.30 竖梃属性编辑

(9)选中幕墙,单击"编辑类型"按钮,弹出"类型属性"对话框,"垂直竖梃"与"水平竖梃"下各项均设为"圆形竖梃:30 mm 半径",单击"确定"按钮,如图 5.31 所示。

图 5.31 添加竖梃

(10)选中幕墙,单击"编辑类型"按钮,弹出"类型属性"对话框,将"幕墙嵌板"设为"系统嵌板:玻璃",单击"确定"按钮,关闭"类型属性"对话框。

(11)单击"插入"选项卡"从族库中载入"面板中的"载入族"按钮,弹出"载入族"对话框,选择"建筑"→"幕墙"→"门窗嵌板"→"门嵌板 50-70 双嵌板铝门"构件族,如图 5.32 所示,单击"打开"按钮可将族文件载入项目。

图 5.32 载入门嵌板 50-70 双嵌板铝门构件族

(12)如图 5.33 所示,将光标放在需要更改的嵌板的边缘,按住 Tab 键选中幕墙嵌板,单击"禁止或允许改变图元位置"按钮,解锁当前嵌板,图标变为解锁图元,在"属性"面板类型选择器中选择"门嵌板 50-70 双嵌板铝门"构件族下的"50 系列有横档",如图 5.34 所示,即可完成幕墙嵌板的修改。

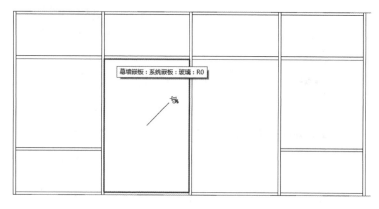

图 5.33 放置幕墙嵌板门前

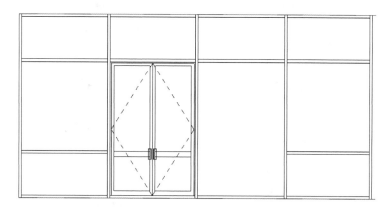

图 5.34 放置幕墙嵌板门后

按照同样的方法修改另一块幕墙嵌板,三维效果如图 5.35 所示。

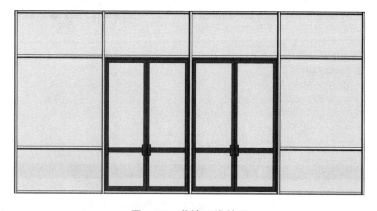

图 5.35 幕墙三维效果

5.3 门窗的创建与编辑

5.3.1 综合楼门窗的放置

1. 窗的放置

本项目所需的门窗构件已经提前载入"综合楼-项目样板",因此在建模过程中,无须重复载入。

(1)启动 Revit 2020,打开 5.2 节中操作的"综合楼-建筑模型"项目文件,在"1F"楼层平面视图中,在"建筑"选项卡,"构建"面板中单击"窗"按钮。按照图 5.36 所示,在"属性"面板类型选择器中选择"单扇平开窗:C0621",根据一层平面图将光标放置在①轴与Ⓐ轴交点处上方 C0621 所处位置,单击鼠标左键放置 C0621,如图 5.37 所示可通过修改临时尺寸标注,更改窗的平面定位。按照同样的方法,依次放置一层其他位置的 C0621。

项目模型:门窗的创建与编

综合楼门窗的放置

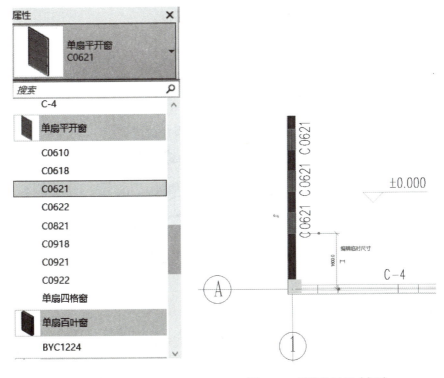

图 5.36 选择 C0621　　图 5.37 修改临时尺寸标注

(2)根据立面视图可知一层 C0621 的窗台底高度均为 400 mm,选择任意一个 C0621,单击鼠标右键→"选择全部实例"→"在视图中可见",即可选中"1F"平面视图中的所有

C0621，在属性面板将"底高度"设置为"400"，如图 5.38 所示。

图 5.38 修改窗台底高度

（3）按照同样的方法，根据一层平面图放置其他类型的窗，并根据立面视图修改窗台底高度，进入"三维视图"即可查看图 5.39 所示效果。

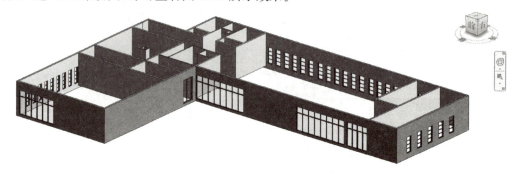

图 5.39 一层窗三维效果

2. 门的放置

门的创建方法与窗类似，在"1F"楼层平面视图中，单击"建筑"选项卡"构建"面板中的"门"按钮，"属性"面板类型选择器中选择"单扇木门：M0922"，将光标放置在②轴与ⓒ轴交点处右侧，单击放置 M1231。

门的放置与窗的放置不同的一点是，在放置门时需要根据图纸调整门的开启方向。门放置之前上下滑动光标可以更改门的开启方向，或者如图 5.40 所示单击显示"翻转实例面"图标⇕改变门的开启方向。

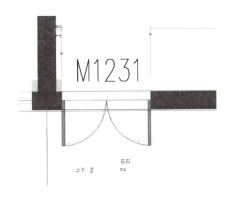

图 5.40　修改"翻转实例面"

按照同样的方法依次放置其他位置的门,一层门窗放置好后的三维效果如图 5.41 所示。

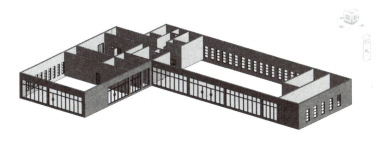

图 5.41　一层门窗三维效果

5.3.2　拓展延伸——创建固定窗

拓展延伸——
创建固定窗

本小节通过创建"固定窗"来进行讲解。固定窗的尺寸信息如图 5.42、图 5.43 的立面图、平面图所示,窗台底高度为 800 mm,窗框材质为"樱桃木"、玻璃材质为"玻璃"。

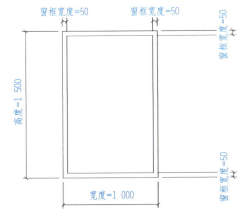

图 5.42　固定窗立面图

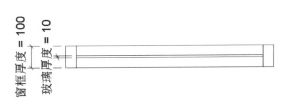

图 5.43　固定窗平面图

1. 创建窗框

(1)启动 Revit 2020，单击"族"下的"新建"按钮，如图 5.44 所示，选择"公制窗"族样板。单击"打开"按钮，进入 Revit 2020-族 1 界面。

图 5.44 选择"公制窗"族样板

(2)在"立面：外部"立面视图中，单击"创建"选项卡"形状"面板中的"拉伸"按钮，进入草图编辑界面。在"绘制"面板中单击"矩形"按钮，如图 5.45 所示，通过拾取两个对角，绘制出一个矩形轮廓。

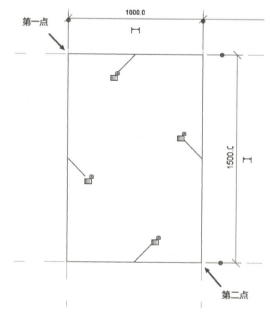

图 5.45 绘制第一个矩形轮廓

(3)绘制完成后依次单击 4 个锁定图标，将 4 条轮廓线分别锁定在 4 个参照平面上，锁定之后图标显示为，如图 5.46 所示。

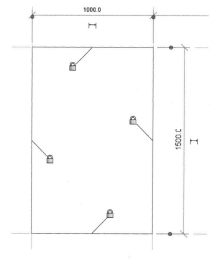

图 5.46　4 条轮廓线锁定

【小贴士】为什么要锁定？尺寸标注控制着参照平面，轮廓线锁定在参照平面上，参照平面随着尺寸标注移动时，窗框轮廓线也会随着参照平面而移动。

(4)在"绘制"面板中单击"矩形"按钮，在选项栏中根据图 5.47 所示将偏移量设置为"50.0"。拾取两个对角，按 Space 键可选择翻转偏移方向，如图 5.48 所示绘制第二个矩形轮廓。

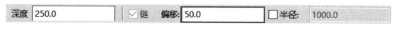

图 5.47　设置偏移值

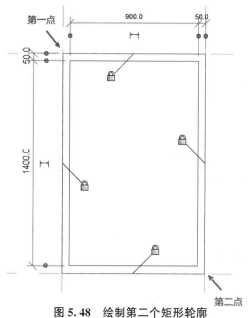

图 5.48　绘制第二个矩形轮廓

(5)在"属性"面板中,如图5.49所示修改"拉伸起点"为"50","拉伸终点"为"150",修改完成后单击 ✓ 按钮,即可完成窗框的编辑。

图5.49 修改拉伸起点和拉伸终点

2. 创建参数

(1)单击"注释"选项卡,"尺寸标注"面板中的"对齐"按钮,如图5.50所示,第一点单击"参照平面"上任意一点;第二点单击"窗框内边线"上任意一点;滑动光标向右拉出,单击第三点即可完成数值为"50"的"尺寸标注"。

【快捷键】"尺寸标注——对齐"的快捷键为"DI"。

(2)按照同样的方法完成其余三个方向的尺寸标注,如图5.51所示,按Esc键退出当前操作。

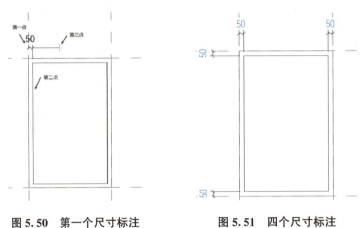

图5.50 第一个尺寸标注　　　图5.51 四个尺寸标注

(3)按住Ctrl键加选4个"50"的标注。在"标签尺寸标注"面板中单击图5.52所示的"创建参数"按钮 ⃞ 。弹出"参数属性"对话框,将"名称"命名为"窗框宽度","参数分组方式"选择"尺寸标注",如图5.53所示。

图5.52 "创建参数"按钮

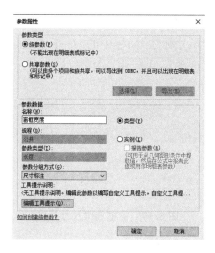

图 5.53 编辑窗框宽度参数属性

(4)在浏览器中切换至楼层平面:参照标高平面视图中,单击"注释"选项卡,"尺寸标注"面板中的"对齐"按钮:

第一点:单击窗框外边线上任意一点;

第二点:单击"参照平面:中心(前/后)",若拾取到的是"墙中心线",可在单击第二点之前,按 Tab 键进行切换,如图 5.54 所示;

第三点:单击窗框内边线上任意一点;

第四点:向下滑动光标,任意位置单击一点,即可连续完成两个"50"尺寸标注。

图 5.54 拾取"参照平面:中心(前/后)"

(5)点选两个"50"尺寸标注,出现图 5.55 所示的"EQ"等分符号,单击"EQ",即可达到图 5.56 所示的等分效果。

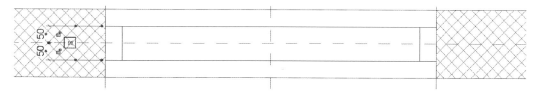

图 5.55 窗框厚度尺寸标注等分前

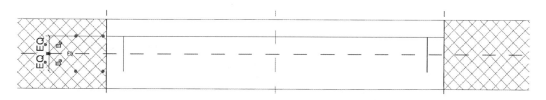

图 5.56 窗框厚度尺寸标注等分后

【注意】借助等分功能，可将窗框的中心永远定位"参照平面：中心(前/后)"。

(6)单击"注释"选项卡，"尺寸标注"面板中的"对齐"按钮，依次点选窗框的外侧拉伸轮廓和内侧拉伸轮廓完成窗框厚度的尺寸标注，并按照(3)所示方法，创建"窗框厚度"参数，如图 5.57 所示。

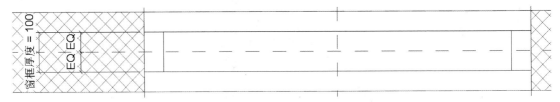

图 5.57 窗框厚度尺寸标注

(7)按照图 5.58 所示单击"属性"面板中的"族类型"按钮，弹出图 5.59 所示的"族类型"对话框，可以发现刚刚新建的"窗框宽度""窗框厚度"尺寸标注都已存在，且可自定义修改。

图 5.58 "族类型"按钮

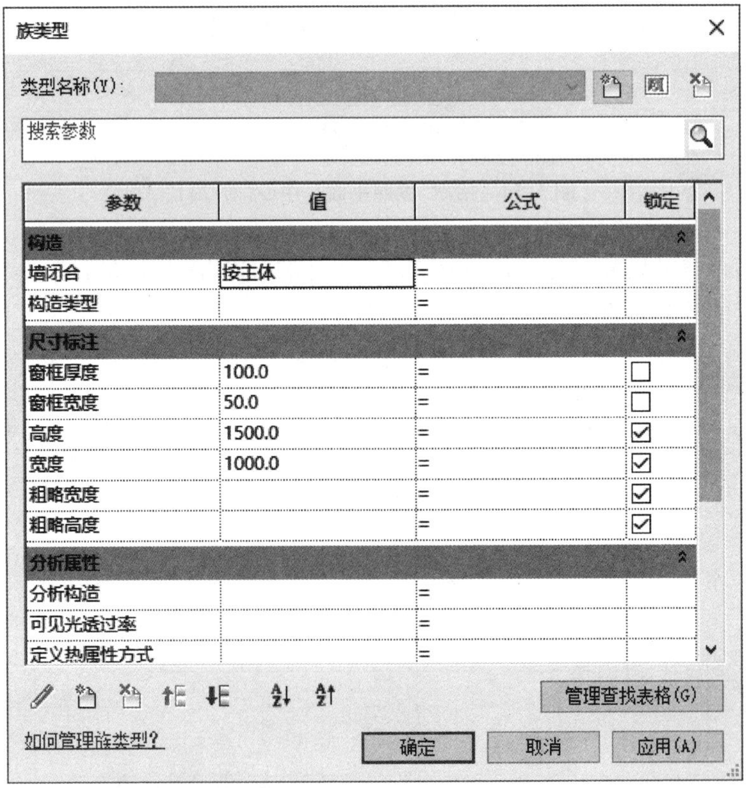

图 5.59 "族类型"对话框

3. 创建玻璃

(1)切换至"立面：外部"立面视图，单击"创建"选项卡，"形状"面板中的"拉伸"按钮，进入草图编辑界面。在"绘制"面板中单击"矩形"按钮▢，通过拾取两个对角绘制出一个如图 5.60 所示的矩形，依次单击 4 个角点锁定，单击"完成编辑模式"按钮✔完成玻璃的拉伸。

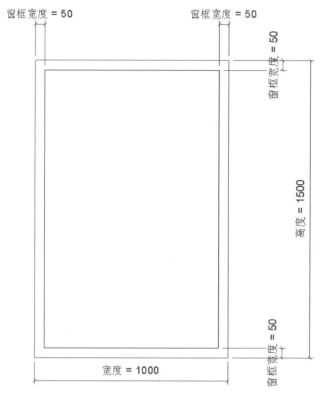

图 5.60 拉伸玻璃轮廓

(2)切换至"楼层平面：参照标高"平面视图，如图 5.61 所示拖动上下两个操纵柄即可拉伸玻璃的厚度。按照创建"窗框厚度"参数的方法创建"玻璃厚度"参数，如图 5.62 所示。

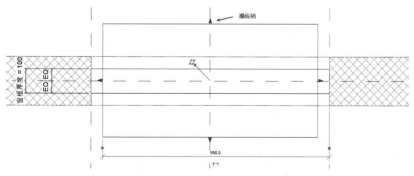

图 5.61 拖动操纵柄

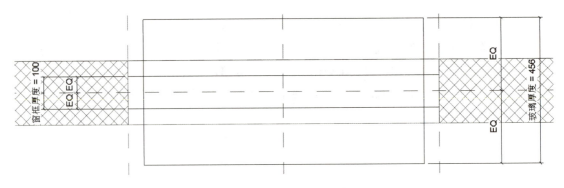

图 5.62　创建"玻璃厚度"参数

(3)单击"属性"面板中的"族类型"按钮,弹出"族类型"对话框,根据图 5.43 固定窗平面图所示尺寸,修改玻璃厚度为 10 mm,如图 5.63 所示。

图 5.63　玻璃厚度的编辑

4. 创建材质

(1)切换至"三维视图",点选窗框图元,按照图 5.64 所示单击"属性"面板→材质后的按钮,弹出"材质浏览器"窗口。

【小技巧】若"三维视图"中出现尺寸标注,可输入快捷键"VV",弹出"可见性/图形替换"对话框,在"注释类别"选项卡下取消勾选"尺寸标注",单击"确定"按钮即可。

(2)类似 5.2 节中材质的创建,新建材质→重命名为"樱桃木"(图 5.65)→打开"资源浏览器"→搜索栏搜索"樱桃木"→双击"樱桃木"材质进行替换(图 5.66)→关闭"资源浏览器"→单击"确定"按钮。

图 5.64 添加材质

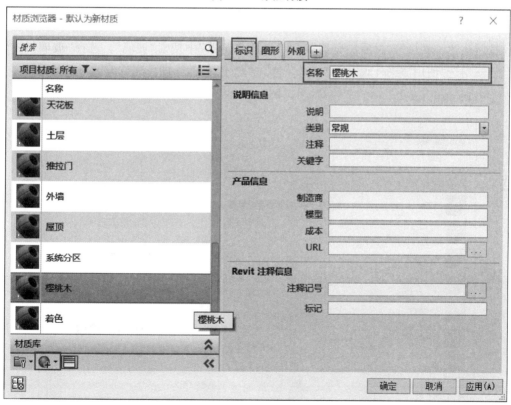

图 5.65 新建材质

(3)在"属性"面板中即可完成窗框材质"樱桃木"的添加,按照同样的方法点选玻璃,为玻璃添加材质为"玻璃"。

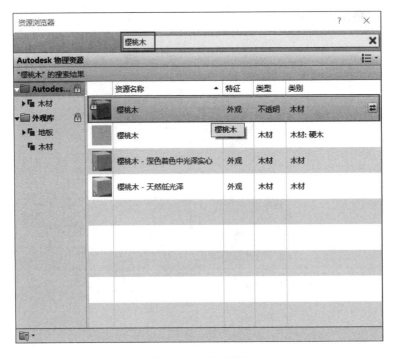

图 5.66 替换材质

按照上述步骤打开"材质浏览器",在"材质浏览器"中搜索"玻璃",选择"玻璃材质"→"图形"→勾选"使用渲染外观"(图 5.67),单击"确定"按钮,即可完成玻璃材质的添加。

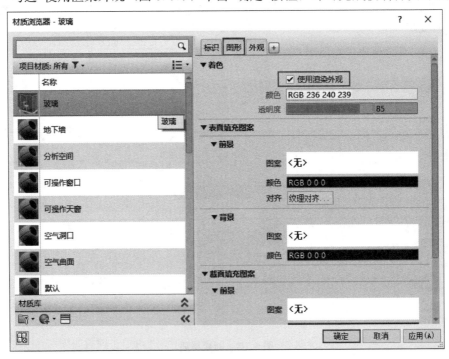

图 5.67 编辑玻璃材质

【小技巧】在"材质浏览器"中,"图形"对应的是"视觉样式:着色"模式下的显示情况;"外观"对应的是"视觉样式:真实"模式下的显示情况。

勾选"使用渲染外观",即可使"图形"中的颜色与"外观"保持一致。

5. 参数关联

(1)点选窗框,在"属性"面板中,单击图 5.68 所示材质右侧后的小方框"关联族参数"。弹出"关联族参数"对话框,单击图 5.69 所示的"新建参数"按钮,弹出"参数属性"对话框,按照图 5.70 所示,命名为"窗框材质",单击"确定"按钮即可。

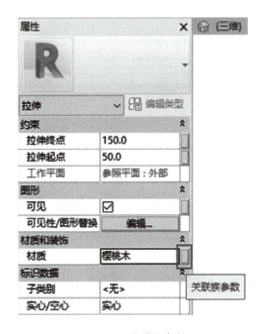

图 5.68 关联族参数

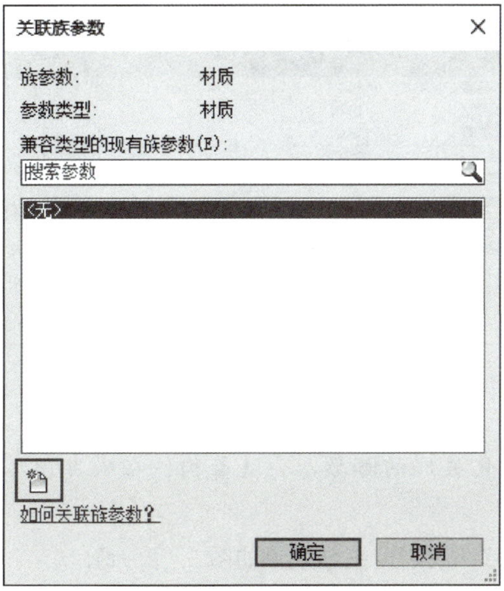

图 5.69 新建族参数

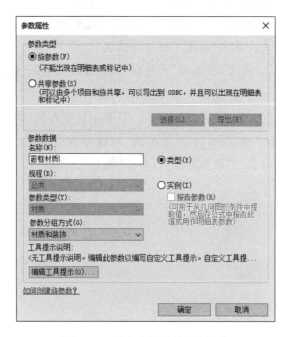

图 5.70 新建窗框材质参数属性

(2)单击"属性"面板中的"族类型"按钮，弹出"族类型"对话框，可看到图 5.71 所示的窗框材质，已关联成功。按照同样的方法，可对玻璃材质进行参数化关联。

图 5.71 窗框材质参数化关联

【小技巧】完成参数化关联的参数，会随着构件在项目中体现出来，并能够被灵活调整。

(3)切换至"三维视图"，固定窗三维效果如图 5.72 所示。

图 5.72　固定窗三维效果

5.4　建筑楼板的创建与编辑

5.4.1　综合楼建筑楼板的创建与编辑

综合楼建筑楼板的创建与编辑方法同 4.5 节结构楼板的创建与编辑。

(1)启动 Revit 2020，打开 5.3 节"综合楼-建筑"项目文件，切换至"楼层平面:1F"楼层平面视图，单击"建筑"选项卡"构筑"面板中的"楼板"按钮，在"属性"面板类型选择器中选择任意楼板，单击"编辑类型"按钮，弹出"类型属性"对话框，单击"复制"按钮复制命名为"LB-30"，单击"结构"后的"编辑"按钮，弹出"编辑部件"对话框，根据图 5.73 所示的"编辑部件"对话框进行属性编辑。

项目模型：建筑楼板的创建与编辑

综合楼建筑楼板的创建与编辑

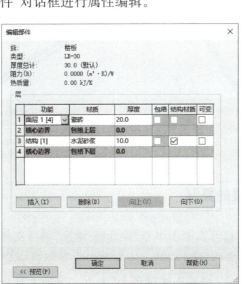

图 5.73　LB-30 属性编辑

(2)结合建筑专业一层平面图、结构专业-0.30层板施工图可知,图5.74所示的②~③与轴Ⓗ~Ⓖ相交区域的板需要做降板处理,绘制过程中需要按照图5.75所示,在"属性"面板中设置"自标高的高度偏移值"为-30 mm。

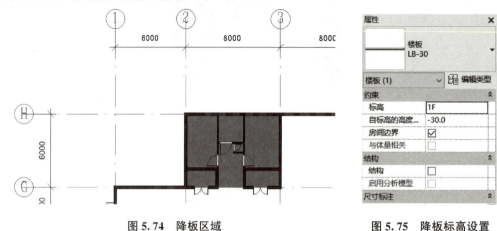

图 5.74　降板区域　　　　　　图 5.75　降板标高设置

(3)根据建筑专业一层平面图,沿着外墙中心线绘制其余建筑楼板,顶部标高为±0.000。楼板绘制完成后三维效果如图5.76所示。

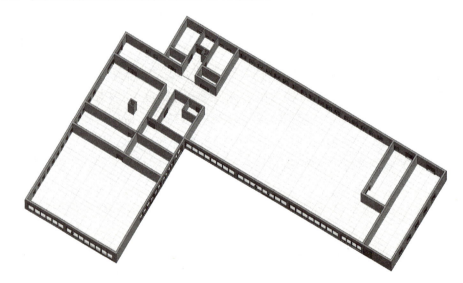

图 5.76　一层建筑楼板三维效果

5.4.2　综合楼楼层的复制

综合楼楼层的复制

(1)启动 Revit 2020,打开5.4.1小节"综合楼-建筑"项目文件,切换至"立面:南"立面视图,按住鼠标左键,从左上向右下框选一层的所有构件,如图5.77所示,单击"修改|选择多个"上下文选项卡"选择"面板中的"过滤器"按钮。在弹出的"过滤器"对话框中,按照图5.78所示,

94

取消勾选"楼板"类别，勾选"墙、门、窗"，单击"确定"按钮，则只选中墙、门、窗类别的构件，楼板类别的构件不被亮显。

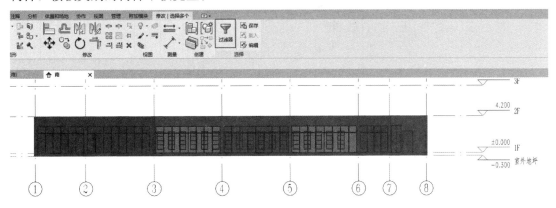

图 5.77 选中一层构件

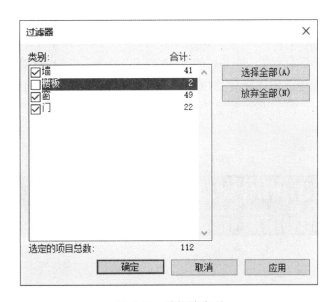

图 5.78 选择墙类别

（2）在"剪切板"面板中，单击"复制到剪切板"按钮，"粘贴"即可亮显。按照图 5.79 所示，在"粘贴"下拉列表中选择"与选定的标高对齐"，弹出图 5.80 所示"选择标高"对话框，选择标高 2F，单击列表"确定"按钮，即可将 1F 楼层中所框选的墙、门、窗复制到 2F 楼层。

图 5.79 "与选定的标高对齐"

图 5.80 "选择标高"对话框

(3)二层层高与一层层高不同,因此复制到 2F 楼层标高上的墙体需要统一进行标高的调整。在"立面:南"立面视图中,框选 2F 标高上的墙、门、窗等所有构件,单击"过滤器"按钮,弹出"过滤器"对话框,单击右侧"放弃全部"命令,仅勾选"墙"类别。在"属性栏"中,按照图 5.81 所示更改墙体标高的"底部偏移值"和"顶部偏移值"均为"0.0"。

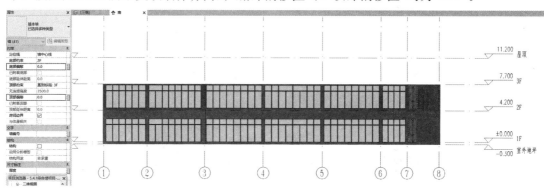

图 5.81 修改墙体属性

(4)根据建筑专业其他楼层平面图,按照上述章节的操作方法,完成 2F、3F 楼层的建筑模型创建。三维效果如图 5.82 所示。

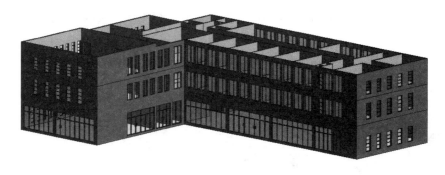

图 5.82 1F～3F 三维效果

5.5 楼梯及栏杆扶手的创建与编辑

楼梯主要是由楼梯段、楼梯平台和栏杆扶手组成的。其创建要素包括梯段高度、梯段宽度、踏板深度和踢面数量。

项目模型：楼梯扶手的创建与编辑

5.5.1 楼梯的创建与编辑

（1）启动 Revit 2020，打开 5.4.2 小节"综合楼-建筑"项目文件。切换至"楼层平面：1F"平面视图，链接二层平面图 CAD 图纸，根据建筑专业图纸一层平面图、二层平面图可知楼梯的平面定位和详细尺寸信息。

楼梯的创建与编辑

（2）如图 5.83 所示，单击"建筑"选项卡，"楼梯坡道"面板中的"楼梯"按钮，进入楼梯编辑界面。

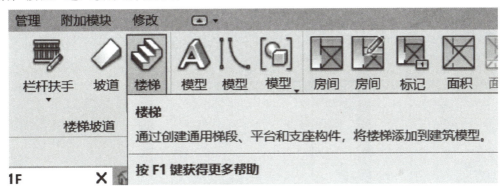

图 5.83 选择"楼梯"

（3）单击"构件"面板的"梯段"按钮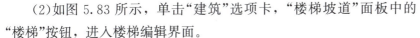，再单击"直梯"按钮。

（4）在"属性"面板类型选择器中选择"现场浇筑楼梯：2#楼梯"，设置"实际梯段宽度"为 1 480（图 5.84），"底部标高"为"1F"，"顶部标高"为"2F"，"所需踢面数"为"24"，"实际踏板深度"为"270"，如图 5.85 所示。

图 5.84 实际梯段宽度

（5）在Ⓖ轴与Ⓗ轴、⑦轴与⑧轴区间，将光标放置在 2#楼梯第一级台阶与楼梯路径线交点处，单击，如图 5.86 所示。

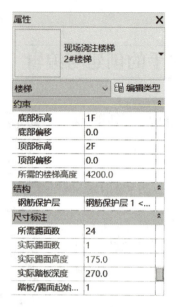

图 5.85　2#楼梯属性

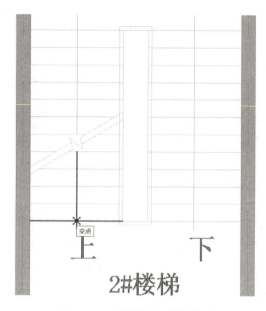

图 5.86　2#楼梯第一梯段起点

(6)向上滑动光标至第一梯段的末端楼梯中心点处,再次单击完成第一梯段的绘制,如图 5.87 所示。

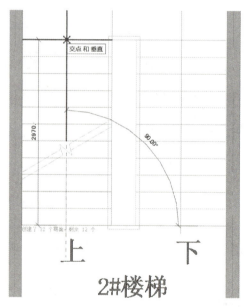

图 5.87　2#楼梯第一梯段终点

(7)根据图 5.88、图 5.89,绘制 2#楼梯的第二梯段,软件会自动生成休息平台。

(8)点选休息平台,拖动"造型操纵柄"至墙体内侧,如图 5.90 所示,单击"完成编辑模式"按钮完成模式,完成 1F 至 2F 2#楼梯的创建。

(9)在"楼层平面:2F"平面视图中,点选 2#楼梯,单击"修改|楼梯"上下文选项卡"编辑"面板中的"编辑楼梯"按钮,进入楼梯的创建与编辑界面。

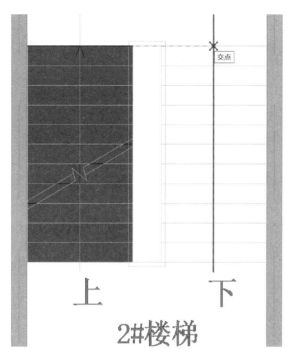

图 5.88 2#楼梯第二梯段起点

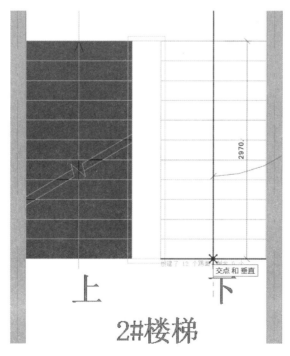

图 5.89 2#楼梯第二梯段终点

单击"修改|创建楼梯"上下文选项卡"构件"按钮"平台" ，再单击"创建草图"按钮 ，跳转至"修改|创建楼梯绘制平台"上下文选项卡，单击"绘制"面板中的"边界"按钮 边界，再单击"修改|创建楼梯"上下文选项卡"直线" 。

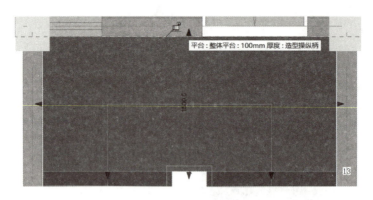

图 5.90 编辑休息平台

在⑥轴上方，2♯楼梯与"2F 楼板"连接处绘制如图 5.91 所示的平台边界。

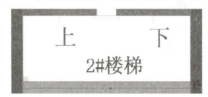

图 5.91 绘制平台边界

(10)单击"完成编辑模式"按钮✔完成模式，完成 2♯楼梯 2F 楼层休息平台的创建，如图 5.92 所示。

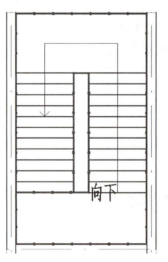

图 5.92 完成楼梯的创建

(11)按照同样的方法完成综合楼项目其他楼层楼梯的创建。

5.5.2 栏杆扶手的创建与编辑

(1)楼梯靠墙处不需要扶手，点选外侧靠墙处楼梯扶手，按 Delete 键进行删除，只留下

图 5.93 所示的楼梯内侧栏杆扶手。

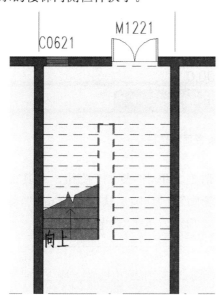

图 5.93　编辑扶手路径

栏杆扶手的创建与编辑

(2)单击"项目浏览器"→"族"→"轮廓"→"圆形扶手",双击"50 mm",弹出"类型属性"对话框。单击"复制"按钮,将其命名为"30 mm",单击"确定"按钮。

(3)在"尺寸标注"栏下将"直径"改为"30",单击"确定"按钮,如图 5.94 所示。

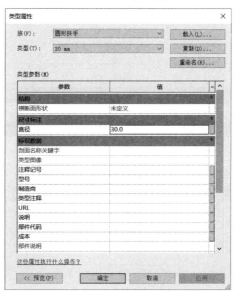

图 5.94　扶手轮廓

(4)点选楼梯的栏杆扶手,在"属性"面板类型选择器中选择"扶手-金属栏杆",单击"编辑类型"按钮,弹出"类型属性"对话框。单击"复制"按钮,将其命名为"900 扶手-楼梯金属栏杆",单击"确定"按钮。

(5)单击"顶部扶栏"栏下"类型"后的...按钮,如图 5.95 所示。

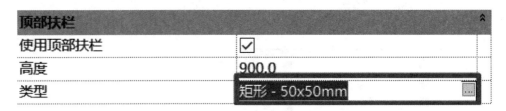

图 5.95 设置顶部扶栏

(6)弹出"顶部扶栏"的"类型属性"对话框,单击"复制"按钮,将其命名为"圆形-30 mm"。单击"确定"按钮,将"构造"栏下"轮廓"改为"圆形扶手:30 mm",如图 5.96 所示。单击"确定"按钮,栏杆扶手设置如图 5.97 所示,单击"确定"按钮。

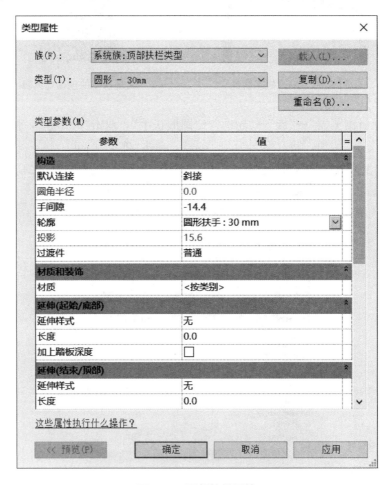

图 5.96 顶部扶栏属性

图 5.97 栏杆扶手属性

(7)在"属性"面板中修改"从路径偏移"值为"60",如图 5.98 所示,完成楼梯扶手的创建。

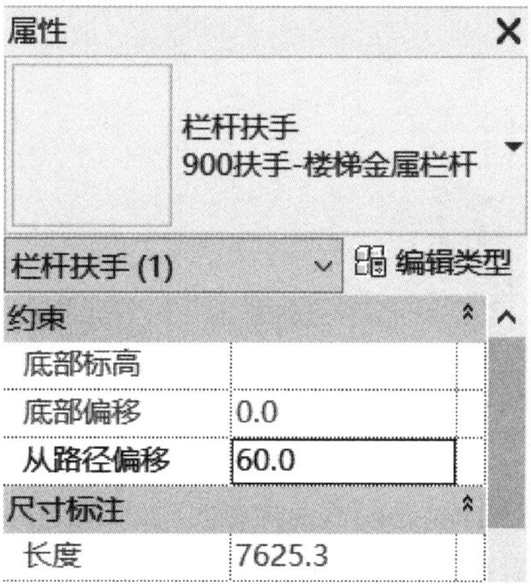

图 5.98 设置路径偏移

5.5.3 剖面视图的创建

(1)切换至"楼层平面:2F"平面视图,单击"视图"选项卡"创建"面板中的"剖面"按钮，如图 5.99 所示。

图 5.99 剖面命令

(2)在楼梯处创建图 5.100 所示的剖面视图,剖面框范围内为剖面视图可见范围。

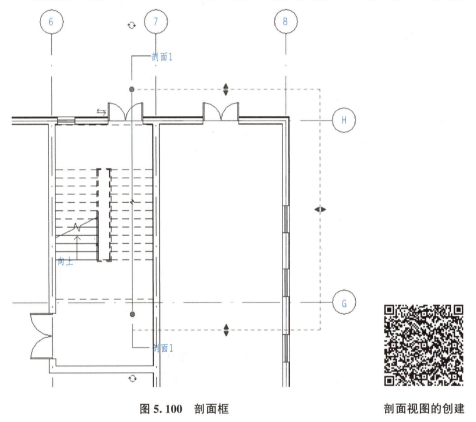

图 5.100 剖面框　　　　　　　　剖面视图的创建

(3)在剖面框的一侧单击"翻转剖面"按钮改变剖面的方向,拖动剖面框上的"拖曳"按钮将视图范围调整到楼梯附近,如图 5.101 所示。

(4)在"项目浏览器"→"视图"→"剖面(建筑剖面)"中右键单击"剖面1",重命名为"2♯楼梯剖面图"。双击打开"2♯楼梯剖面视图",剖面效果(即楼梯效果)如图 5.102 所示。

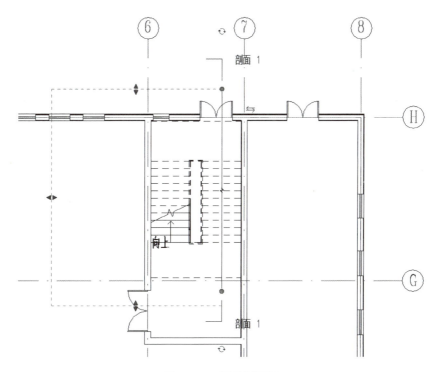

图 5.101 调整剖面框

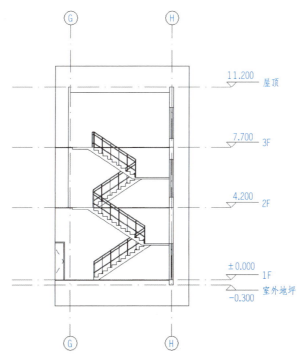

图 5.102 2#楼梯剖面图

5.6 散水与室外台阶的创建与编辑

5.6.1 散水的创建与编辑

散水的创建方法有很多，本节主要借助"墙饰条"进行散水的创建。

项目模型：散水与室外台阶的创建与编辑

散水的创建与编辑

1. 散水轮廓族的创建

（1）启动 Revit 2020，打开"族"→"新建"→"公制轮廓-主体"族样板，如图 5.103 所示。

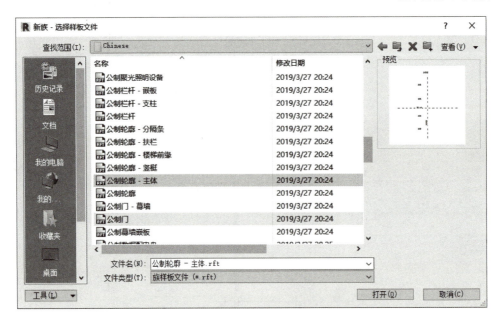

图 5.103　选择"公制轮廓-主体"族样板

（2）单击"创建"选项卡"详图"面板中的"直线"按钮，切换至"修改丨放置线"上下文选项卡，选择"直线"，根据一层平面图可知散水宽度为 600 mm，立面视图可知散水高度为 80 mm，因此按照图 5.104 所示绘制散水轮廓。

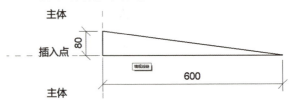

图 5.104　绘制散水轮廓

(3)单击"保存"按钮,文件名为"散水轮廓",族文件格式为".rfa"。

2. 综合楼项目散水的创建

(1)启动 Revit 2020,打开 5.5 节中操作的"综合楼-建筑模型"项目文件,切换至"楼层平面:1F"平面视图,将一层平面图链接进来。

(2)在"插入"选项卡"从库中载入"面板中单击"载入族"按钮,根据保存的路径将刚刚创建好的"散水轮廓"族载入进来。

(3)在"三维视图"中,单击"建筑"选项卡"构建"面板"墙"下拉列表中的"墙:饰条"按钮,在"属性"面板类型选择器中选择"墙饰条:檐口",单击"编辑类型"按钮,在"属性编辑"对话框中按照图 5.105 所示,复制命名为"散水",轮廓选择"散水轮廓:散水轮廓",材质为"混凝土-C30",单击"确定"按钮即可完成散水属性的编辑。

(4)单击任意一面外墙,即可在外墙上放置散水,点选"墙饰条:散水",在"属性"面板中按照图 5.106 所示修改散水的标高:标高为"室外地坪",偏移量为"0.00"。按照此方法在 1F 楼层所有外墙上都添加散水。

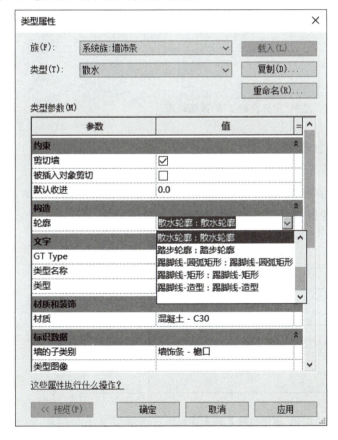
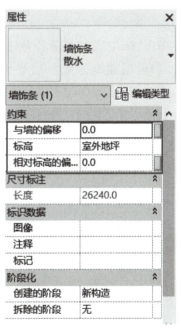

图 5.105　编辑散水属性　　　　图 5.106　修改散水标高

(5)在任意立面视图中,单击散水,拖拽其端点即可更改散水的长度。详细操作将在 5.6.2 小节中室外台阶创建完成后讲解。

5.6.2 室外台阶的创建与编辑

室外台阶的创建方法有很多种，本节主要借助"楼板边缘"进行室外台阶的创建。

室外台阶的创建与编辑

（1）启动 Revit 2020，打开"族"→"新建"→"公制轮廓-主体"族样板，单击"创建"选项卡"直线"按钮，切换至"修改｜放置线"上下文选项卡，单击"绘制"面板中的"直线"按钮，按照图 5.107 所示绘制"室外台阶 1"的截面轮廓。

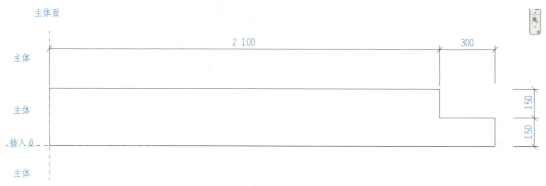

图 5.107　绘制"室外台阶 1"的截面轮廓

单击"保存"按钮并命名为"室外台阶 1"。

（2）根据建筑专业一层平面图可知，Ⓐ轴下侧和③轴右侧的室外台阶尺寸不同，图 5.107 创建的是③轴右侧的室外台阶截面轮廓，此时需要按照同样的方法，根据图 5.108 所示创建Ⓐ轴下侧的室外台阶截面轮廓，并将其保存命名为"室外台阶 2"。

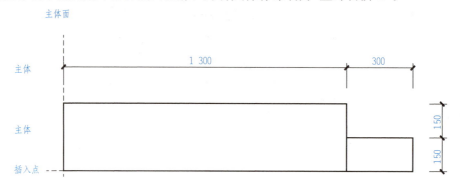

图 5.108　绘制"室外台阶 2"的截面轮廓

（3）打开 5.6.1 节中操作的"综合楼-建筑模型"项目文件。切换至"楼层平面：1F"平面视图，单击"建筑"选项卡"构建"面板"楼板"下拉列表中的"楼板：楼板边"按钮。在"属性"面板类型选择器中选择"楼板边缘"，单击"类型属性"按钮，弹出"编辑类型"对话框，按照图 5.109 所示进行"室外台阶 1"的属性编辑，按照图 5.110 所示进行"室外台阶 2"的属性编辑。

108

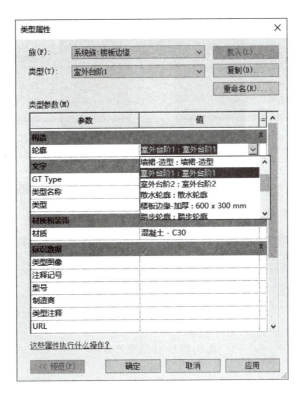

图 5.109 "室外台阶 1"类型属性

图 5.110 "室外台阶 2"类型属性

(4)选择"室外台阶1",按照图5.111所示将光标放置在Ⓔ轴线"1F-LB2-120"楼板边缘线上,单击即可生成图5.112所示的室外台阶。

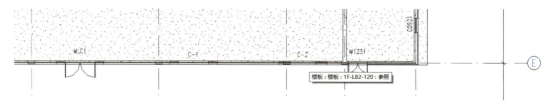

图5.111 拾取楼板边缘线

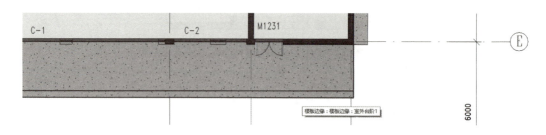

图5.112 生成室外台阶

(5)继续点选③轴楼板边缘线,生成室外台阶。点选在③轴附近生成的室外台阶,拖动端点,使其端点由③轴与Ⓐ轴相交处,移动到③轴与Ⓑ轴相交处。

进入"立面:东"立面视图中,单击创建的散水,拖动其端点,移动至室外台阶的一侧,完成散水长度的更改。

(6)根据一层平面图完成散水及室外台阶的创建,点选创建好的室外台阶,在"属性"面板中修改标高,按照图5.113所示修改垂直轮廓偏移值,修改创建完成后三维效果如图5.114所示。

图5.113 修改室外台阶标高

图5.114 室外台阶、散水三维效果

5.7　屋顶的创建与编辑

屋顶是房屋或构筑物外部的顶盖，包括屋面以及在墙或其他支撑物以上用以支撑屋面的一切必要材料和构造。

项目模型：屋顶的
创建与编辑

5.7.1　迹线屋顶的创建与编辑

1. 定义坡度绘制屋面

本小节借助屋顶平、立面图来讲解，屋顶板厚均为 125 mm，其他建模尺寸可以参考图 5.115、图 5.116 所示的平面图和南立面图。

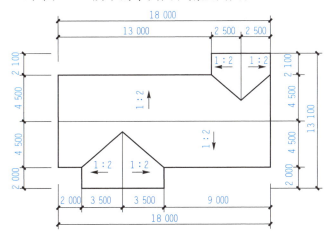

图 5.115　迹线屋顶平面图

迹线屋顶的创建与编辑

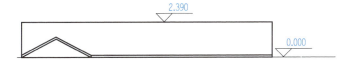

图 5.116　迹线屋顶南立面图

（1）启动 Revit 2020，打开"新建"→"新建项目"→"建筑样板"样板文件。单击"保存"按钮，将项目文件命名为"迹线屋顶"。

（2）在"楼层平面：标高 1"平面视图中，单击"建筑"选项卡，"构建"面板"屋顶"下拉列表中的"迹线屋顶"按钮。弹出图 5.117 所示"最低标高提示"对话框，单击"否"按钮。

（3）在"属性"面板中选择"基本屋顶：常规-

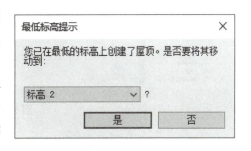

图 5.117　"最低标高提示"对话框

111

125 mm"构件族。

(4)在"楼层平面：标高 1"平面视图中，单击"修改丨创建屋顶迹线"上下文选项卡"绘制"面板中的"直线"按钮，按照图 5.115 所示尺寸分段进行屋面轮廓的绘制，如图 5.118 所示。

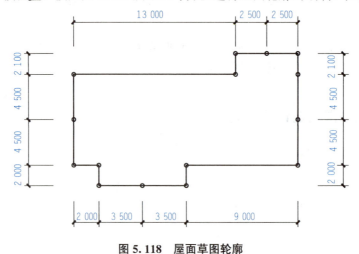

图 5.118 屋面草图轮廓

【小技巧】执行直线命令绘制屋面轮廓，勾选 ☑链，可连续绘制轮廓线。

(5)按住 Ctrl 键加选图 5.119 所示的草图轮廓，在"属性"面板中勾选"定义屋顶坡度"，在"坡度"属性栏输入"=1/2"，单击"应用"按钮，屋顶坡度值则为"1∶2"，软件自动计算为"26.57°"。

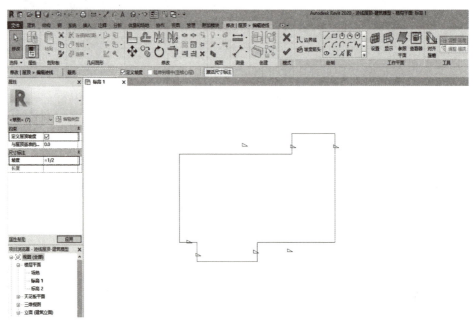

图 5.119 定义坡度

单击"完成编辑模式"按钮，完成迹线屋顶的创建，迹线屋顶三维效果如图 5.120 所示。

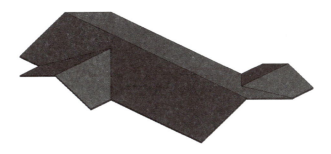

图 5.120　迹线屋顶三维效果

2. 坡度箭头绘制屋面

本小节借助案例屋顶来讲解坡度箭头的绘制，屋顶板厚为 125 mm，其他建模尺寸可以参考图 5.121、图 5.122 所示的屋顶平面图和南立面图。

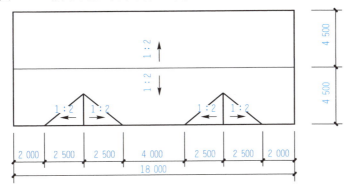

图 5.121　迹线屋顶平面图

图 5.122　迹线屋顶南立面图

(1)启动 Revit 2020，打开"新建"→"新建项目"→"建筑样板"样板文件。单击"保存"按钮，将项目文件命名为"迹线屋顶(坡度箭头)"。

(2)在"楼层平面：标高 1"平面视图中，单击"建筑"选项卡"构建"面板"屋顶"下拉列表中的"迹线屋顶"按钮。在"最低标高提示"对话框中，单击"否"按钮。

(3)在"属性"面板类型选择器中选择"基本屋顶：常规-125 mm"构件族。

(4)在"楼层平面：标高 1"平面视图中，单击"修改｜创建屋顶迹线"上下文选项卡"绘制"面板中的"直线"按钮，按照图 5.121 所示尺寸分段进行屋面轮廓的绘制，如图 5.123 所示。

(5)按照图 5.124 所示，按住 Ctrl 键加选需要定义坡度的屋顶轮廓线，在"属性"面板中将坡度值定义为"＝1/2"。

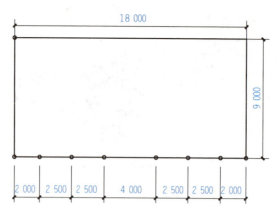

图 5.123　分段绘制屋面草图轮廓

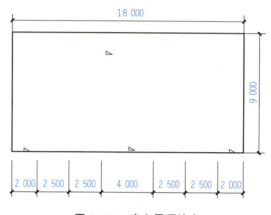

图 5.124　定义屋顶坡度

(6)单击"修改丨创建屋顶迹线"上下文选项卡"绘制"面板中的"坡度箭头"按钮 坡度箭头，再单击"直线"按钮。按照图 5.125 所示的起点、终点绘制坡度箭头。

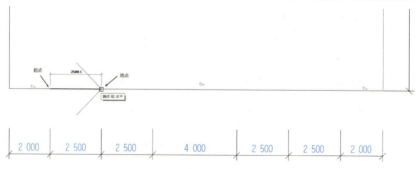

图 5.125　坡度箭头的绘制方法

重复上一步骤，按照图 5.126 所示绘制其余三个坡度箭头。

(7)按住 Ctrl 键选中所有坡度箭头，按照图 5.127 所示要求在"属性"面板中选择"指定"约束为"坡度"，在"坡度"属性栏输入"＝1/2"，单击"应用"按钮。单击"完成编辑模式"按钮，完成迹线屋顶的创建，迹线屋顶三维效果如图 5.128 所示。

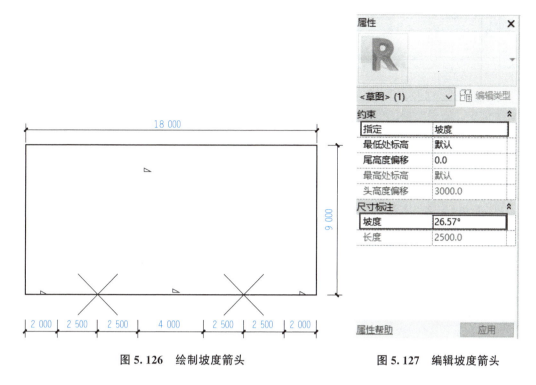

图 5.126　绘制坡度箭头　　　　　　图 5.127　编辑坡度箭头

图 5.128　迹线屋顶(坡度箭头)三维效果

【**注意**】坡度箭头尾部必须置于屋面轮廓上,绘制坡度箭头的屋顶轮廓线不可以再定义坡度。

5.7.2　拉伸屋顶的创建与编辑

拉伸屋顶是通过拉伸屋顶的二维轮廓来创建屋顶。

本小节借助拉伸屋顶来讲解,屋顶板厚为 125 mm,其他建模尺寸可以参考图 5.129、图 5.130 所示的平面图和东立面图。

拉伸屋顶的创建与编辑

(1)启动 Revit 2020,打开"新建"→"新建项目"→"建筑样板"样板文件。单击"保存"按钮,将项目文件命名为"拉伸屋顶"。

(2)在"楼层平面:标高 1"平面视图中,单击"建筑"选项卡"工作平面"面板中的"参照平面"按钮。切换至"修改|放置参照平面"上下文选项卡,单击"绘制"面板中的"直线"按钮。在任意位置绘制两个东西距离为 10 000 的参照平面,按 Esc 键退出绘制模式,如图 5.131 所示。

115

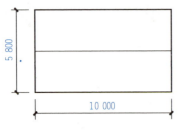
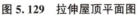
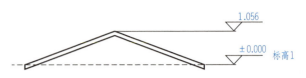

图 5.129 拉伸屋顶平面图　　　　图 5.130 拉伸屋顶东立面图

（3）在"楼层平面：标高1"平面视图中，单击"建筑"选项卡"构建"面板"屋顶"下拉列表中的"拉伸屋顶"按钮，弹出图 5.132 所示的"工作平面"对话框，选择"拾取一个平面"，单击"确定"按钮。

选择绘制的参照平面，弹出图 5.133 所示的"转到视图"对话框，选择"立面：东"，单击"打开视图"按钮，转到"东立面视图"。

弹出图 5.134 所示的"屋顶参照标高和偏移"对话框，选择"标高1"，单击"确定"按钮。

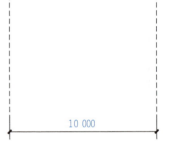

图 5.131 绘制参照平面

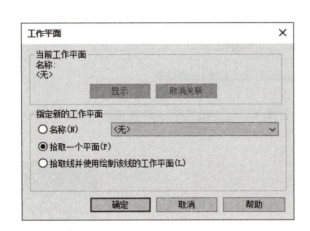
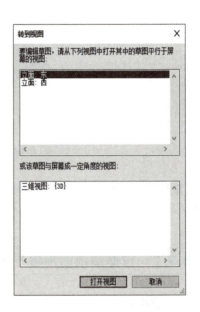

图 5.132 拾取参照平面　　　　图 5.133 "转到视图"对话框

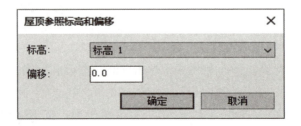

图 5.134 选择参照标高

(4)在"东立面视图"中,单击"工作平面"面板中的"参照平面"按钮,跳转至"放置参照平面"对话框,在"绘制"面板中单击"直线"按钮,在任意位置绘制4个如图5.135所示的参照平面,按Esc键退出绘制模式。

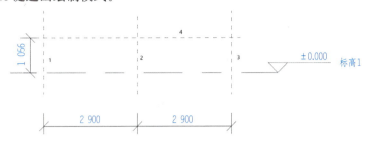

图5.135 绘制4个参照平面

(5)在"属性"面板类型选择器中选择"基本屋顶:常规-125 mm"构件族。

(6)单击"绘制"面板中的"直线"按钮,根据图5.130所示尺寸信息,进行屋面轮廓的绘制,草图效果如图5.136所示。

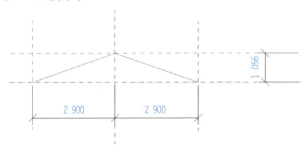

图5.136 拉伸屋顶草图轮廓

(7)单击"完成编辑模式"按钮,进入"楼层平面:标高1"视图中,点选拉伸屋顶,拖动操纵柄,移动至另一个参照平面处,达到图5.137、图5.138所示效果,即可完成拉伸屋顶的创建,三维效果如图5.139所示。

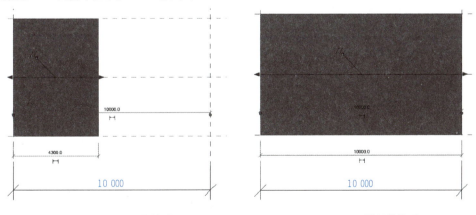

图5.137 屋顶拉伸前　　　　　　　图5.138 屋顶拉伸后

图 5.139 拉伸屋顶三维效果

【注意】拉伸屋顶轮廓草图不能闭合。

项目实施单

姓名		班级	
任务名称	建筑专业建模		
1. Revit 提供了哪三种墙体形式?			
2. 本项目外墙的材质及厚度分别是什么?在图纸哪个位置可以查阅到?			
3. 本项目栏杆的类型及高度分别是什么?在图纸哪个位置可以查阅到?			
4. 楼梯建模的关键参数都有哪些?			

项目习题

1.（实操题）根据幕墙的主视图（图5.140）和侧视图（图5.141）创建幕墙构件，幕墙长度为12 000 mm，高度为9 000 mm，幕墙竖梃为"矩形50 mm×150 mm"，材质为铝；幕墙嵌板为"系统嵌板：玻璃"，玻璃厚度为15 mm。

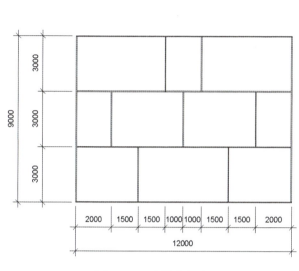

图5.140　幕墙主视图　　　　　　图5.141　幕墙侧视图

2.（实操题）根据平面图（图5.142）和立面图（图5.143）的相关尺寸创建"旋转楼梯"，楼梯为"整体现浇式楼梯"，栏杆类型为"900 mm圆管"。

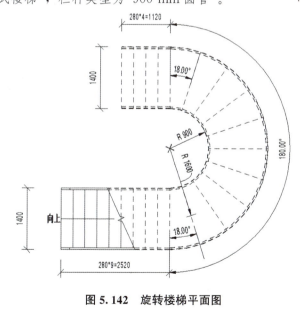

图5.142　旋转楼梯平面图

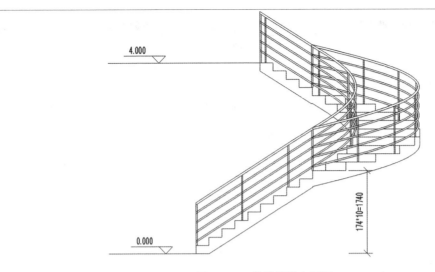

图 5.143　旋转楼梯立面图

3.(实操题)根据平面图(图 5.144)和立面图(图 5.145)的相关尺寸创建"屋顶",屋顶材质为"板岩屋面板—浅绿色",厚度为"300 mm"。

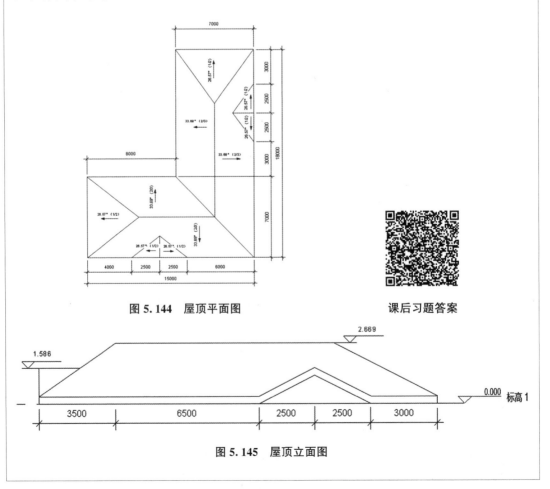

图 5.144　屋顶平面图

课后习题答案

图 5.145　屋顶立面图

项目评价单

任务名称	建筑专业建模		
评价项目	评价子项目	学生自评	教师评价
资讯环节	1. 项目标准中关于建筑建模部分的了解情况； 2. 建筑专业图纸的识读情况； 3. 建筑构件构造的了解情况		
实施环节	1. 对建筑专业建模流程的了解程度； 2. 对建筑专业模型创建的完整程度； 3. 模型的精细程度； 4. 对软件快捷键的应用程度		
任务总结			
评价总结			
教师签字		日期	

项目6　构件族与概念体量

思维导图

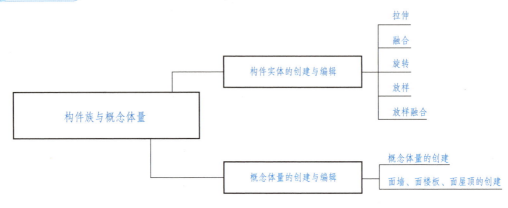

构件族与概念体量

项目任务单

任务名称	构件族与概念体量	任务学时	8 学时
任务情境	构件的实体创建与编辑；概念体量的创建与编辑		
任务描述	通过本项目的学习，完成参数化构件族的一般创建方法		
任务目标	1. 了解三视图的识读方法； 2. 掌握构件的创建与编辑方法； 3. 掌握拉伸、旋转、放样、融合、放样融合的创建方法； 4. 掌握概念体量的创建方法； 5. 掌握 Revit 软件的建模技巧		
任务准备	1. 提前掌握正投影、轴侧投影、透视投影的识读方法； 2. 查阅资料了解概念体量的使用方法		

6.1 构件实体的创建与编辑

Revit 中的族分为"系统族""可载入族""内建族"三种。

"系统族"——Revit 系统自带的族，例如：墙、梁、柱、管道等系统本身自带的，可直接拿来绘制的族。

"可载入族"——运用"公制常规模型""公制窗"等族样板文件在 Revit 项目文件外部创建好之后，载入项目中的族。如图 6.1 所示，本节主要针对"可载入族"的创建方法进行详细讲解。

项目模型：构件实体的创建与编辑

图 6.1 可载入族

"内建族"——在 Revit 项目中，直接创建族，如图 6.2 所示，前文 4.3.2 小节已对内建族做了详细介绍。在"建筑""结构""系统"选项卡下均可选择"内建模型"命令。

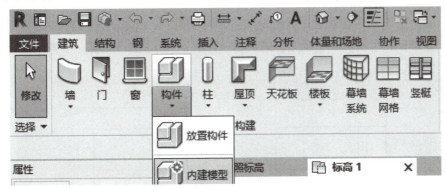

图 6.2 内建族

运用 Revit 软件创建"可载入族"时，需要选择相应的族样板文件。启动 Revit 2020，按照图 6.3 所示，"族"→"新建"→公制常规模型族样板，单击"打开"按钮进入创建族界面。

进入创建族界面后，本章主要针对"创建"选项卡下的"拉伸""融合""旋转""放样""放样融合"五大命令进行详细介绍。

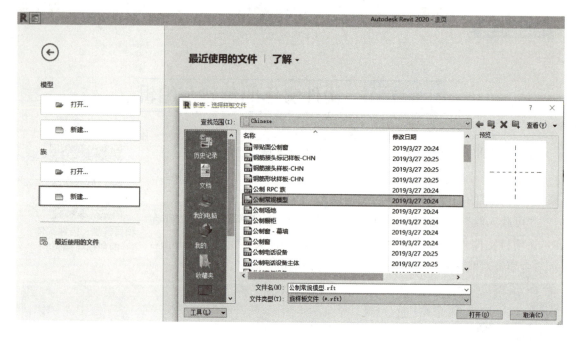

图 6.3 选择族样板

6.1.1 构件编辑——拉伸

"拉伸"命令：用于通过拉伸二维形状（轮廓）创建三维实体。

本小节借助螺母模型构件族的创建来讲解"拉伸"命令。螺母孔的直径为 200 mm，正六边形边长为 180 mm、各边距孔中心 160 mm，螺母高 200 mm。螺母模型主视图、左视图、俯视图三视图分别如图 6.4～图 6.6 所示。

构件编辑——拉伸

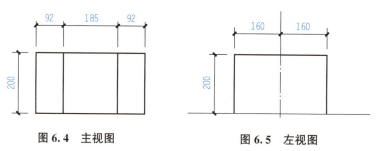

图 6.4 主视图　　　　图 6.5 左视图

（1）在"楼层平面：参照标高"平面视图中，单击"创建"选项卡"形状"面板中的"拉伸"按钮，即可进入二维轮廓草图编辑界面。在"修改 | 创建拉伸"上下文选项卡，"绘制"面板中单击"外界多边形"按钮，以两条参照平面的交点为中心点按照图 6.7 所示绘制内边距为 160 mm 的外接正六边形。绘制完成后单击"完成编辑模式"按钮，即可退出草图编辑模式。

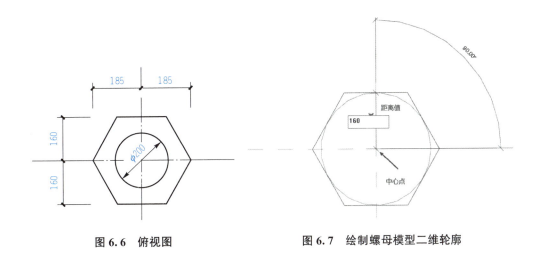

图 6.6 俯视图　　　　　　图 6.7 绘制螺母模型二维轮廓

【小技巧】若草图线条过粗，可在快速访问工具栏中单击"细线"按钮，开启细线模式。

(2)在"立面：前"立面视图中，单击"创建"选项卡"基准"面板中的"参照平面"按钮，在"修改 | 放置参照平面"上下文选项卡，"绘制"面板中单击"直线"按钮，在立面视图任意位置绘制一条图 6.8 所示的参照平面。

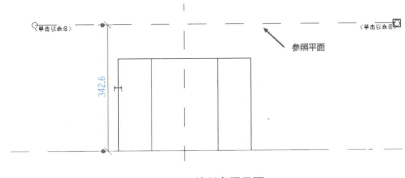

图 6.8 绘制参照平面

(3)单击参照平面，修改临时尺寸标注值为 200，效果如图 6.9 所示。

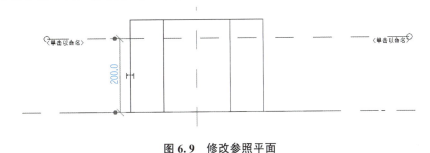

图 6.9 修改参照平面

【快捷键】创建参照平面的快捷键为"RP"。

(4)点选实体：拉伸构件，拖动上方操纵柄，移动至参照平面处，达到图 6.10 所示效果，此时构件高度为 200 mm。

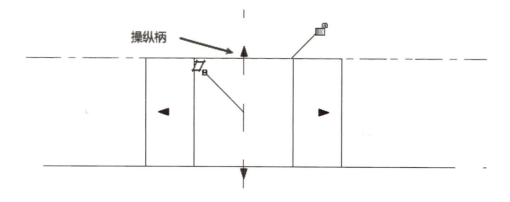

图 6.10 修改构件高度

(5)在"楼层平面：参照标高"平面视图中，根据图 6.11 的提示，在"创建"选项卡"形状"面板"空心形状"下拉列表中单击"空心拉伸"按钮。

图 6.11 "空心形状"下拉列表

在"修改 | 创建空心拉伸"上下文选项卡，"绘制"面板中单击"圆形"按钮，以两条参照平面的交点为圆心点，绘制半径为 100 mm 的圆，如图 6.12 所示。绘制完成后单击"完成编辑模式"按钮，即可退出草图编辑模式。

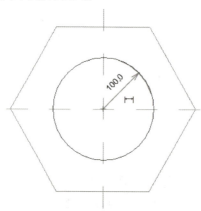

图 6.12 空心圆柱二维轮廓的绘制

（6）在"立面：前"立面视图中，按照图 6.13 所示点选"空心 | 拉伸"构件，拖动上方操纵柄，移动至参照平面处，此时"空心 | 拉伸"构件与"实体 | 拉伸"构件高度平齐。进入"三维视图"，在视图控制栏中调整"视觉样式"为着色，即可如图 6.14 所示。

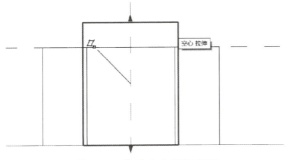

图 6.13　修改空心拉伸高度

图 6.14　三维效果

（7）保存并命名为"螺母模型"，即可完成"螺母模型.rfa"族文件的创建。

6.1.2　构件编辑——融合

构件编辑——融合

融合命令：用于融合两个形状不同的二维轮廓创建三维实体。

本小节借助梯台构件族的创建来讲解"融合"命令。

梯台模型主视图、左视图、俯视图三视图分别如图 6.15～图 6.17 所示。

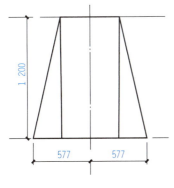

图 6.15　主视图

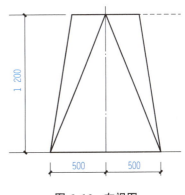

图 6.16　左视图

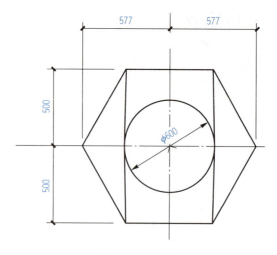

图 6.17 俯视图

(1)在"楼层平面:参照标高"平面视图中,单击"创建"选项卡"形状"面板中的"融合"按钮,切换至"修改|创建融合底部边界"上下文选项卡 修改|创建融合底部边界,在"绘制"面板中单击"外接多边形"按钮,以两条参照平面的交点为中心点,按照图 6.18 所示创建底部轮廓。

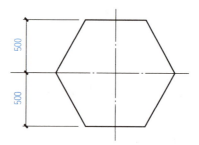

图 6.18 创建底部轮廓

(2)单击"模式"面板中的"编辑顶部"按钮,底部轮廓变为灰显,在"绘制"面板中单击"圆形"按钮,以两条参照平面的交点为中心点,按照图 6.19 所示创建顶部轮廓。

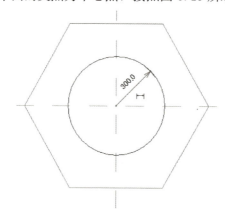

图 6.19 创建顶部轮廓

(3)底部轮廓和顶部轮廓创建完成后,单击"完成编辑模式"按钮,即可退出草图编辑模式。进入"立面:前"立面视图,借助参照平面调整构件高度为 1 200 mm[步骤同 6.1.1 (2)],如图 6.20 所示。

(4)进入"三维视图",在视图控制栏中调整"视觉样式"为着色,即可如图 6.21 所示。保存族文件命名为"梯台"。

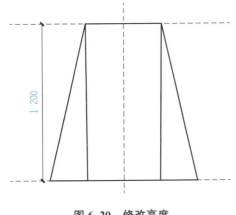

图 6.20 修改高度

图 6.21 梯台三维效果

6.1.3 构件编辑——旋转

"旋转"命令:用于通过绕轴旋转二维形状(轮廓)来创建三维实体。

本小节借助陀螺模型构件族的创建来讲解"旋转"命令。陀螺模型主视图、左视图、俯视图三视图分别如图 6.22~图 6.24 所示。

构件编辑——旋转

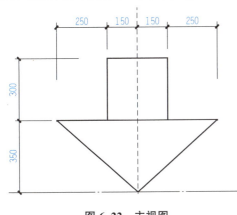

图 6.22 主视图

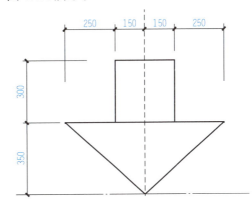

图 6.23 左视图

(1)在"立面:前"立面视图中,单击"创建"选项卡"形状"面板中的"旋转"按钮,进入草图编辑模式,在"修改|创建旋转"上下文选项卡"绘制"面板中单击"轴线"按钮,再单击"直线"按钮,按照图 6.25 所示绘制一条竖向的轴线。

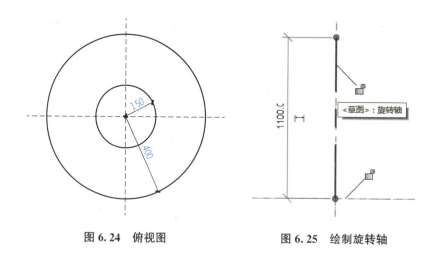

图 6.24　俯视图　　　　　　　图 6.25　绘制旋转轴

(2)单击"绘制"面板"边界线"按钮 边界线，再单击"直线"按钮，按照图 6.26 所示绘制边界线二维轮廓。

(3)单击按钮，即可退出草图编辑模式。进入"三维视图"，在视图控制栏中调整"视觉样式"为着色，即可查看图 6.27 所示的陀螺三维模型，单击"保存"按钮命名为"陀螺"。

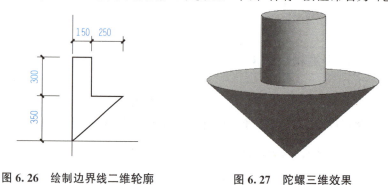

图 6.26　绘制边界线二维轮廓　　　　图 6.27　陀螺三维效果

6.1.4　构件编辑——放样

"放样"命令：用于通过沿路径放样二维形状（轮廓）来创建三维实体。本小节借助柱顶饰条模型构件族的创建来讲解"放样"命令。柱顶饰条模型放样路径、放样轮廓分别如图 6.28、图 6.29 所示。

构件编辑——放样

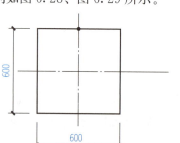

图 6.28　放样路径

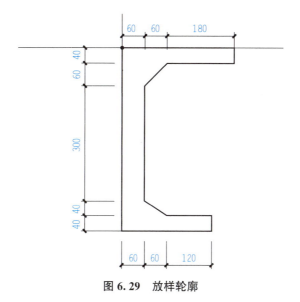

图 6.29　放样轮廓

(1)在"楼层平面：参照标高"平面视图中，单击"创建"选项卡"基准"面板中的"参照平面"按钮，按照图 6.30 所示在"参照平面：中心(前/后)"上方 300 mm 处绘制一条长度适宜的参照平面。

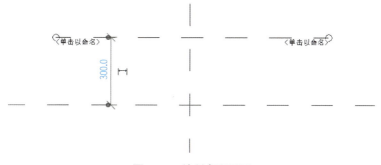

图 6.30　绘制参照平面

(2)单击刚刚绘制的参照平面，在"修改"面板中单击"镜像-拾取轴"按钮，单击"参照平面：中心(前/后)"按钮即可修改参照平面为拾取轴，镜像生成第二个参照平面，如图 6.31 所示。

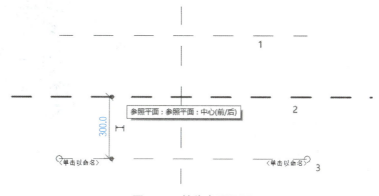

图 6.31　镜像参照平面

(3)按照同样的方法创建图 6.32 所示的左右两个参照平面。

【快捷键】"镜像-拾取轴"命令的快捷键为"MM"。

(4)在"创建"选项卡"形状"面板中单击"放样"按钮,切换至"修改丨放样"上下文选项卡,在"放样"面板中单击"绘制路径"按钮,进入路径编辑界面,在"绘制"面板中单击"矩形"按钮,拾取两个对角点,从而完成图 6.33 所示的矩形轮廓绘制。

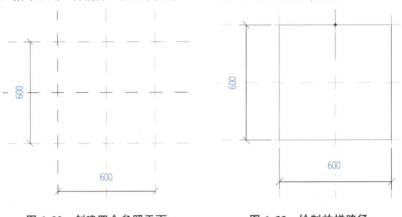

图 6.32　创建四个参照平面　　　　图 6.33　绘制放样路径

(5)单击按钮,即可完成路径的绘制。进入"立面:右"立面视图中,在"放样"面板中单击"编辑轮廓"按钮,切换至"修改丨放样＞编辑轮廓"上下文选项卡,在"绘制"面板中单击"直线"按钮,按照图 6.34 所示的路径,进行二维轮廓的绘制。

(6)单击"完成编辑模式"按钮,即可完成二维轮廓的绘制。再次单击"完成编辑模式"按钮即可完成柱顶饰条构件的创建,进入三维视图后在视图控制栏中调整"视觉样式"为着色,效果如图 6.35 所示。

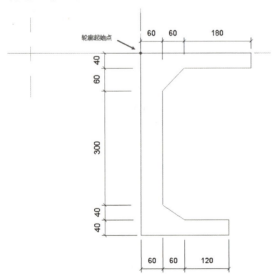

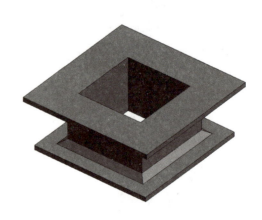

图 6.34　绘制二维轮廓　　　　图 6.35　柱顶饰条三维效果

6.1.5 构件编辑——放样融合

"放样融合"命令：用于通过沿一个路径放样，融合两个不同的二维形状（轮廓）创建三维实体。

本小节借助图 6.36、图 6.37 所示的主视图、俯视图来讲解"放样融合"命令。

构件编辑——放样融合

（1）在"楼层平面：参照标高"平面视图中，单击"创建"选项卡"形状"面板中的"放样融合"按钮，进入草图编辑界面，在切换至"修改｜放样融合"上下文选项卡，"放样融合"面板中的"绘制路径"按钮 绘制路径，切换至"修改｜放样融合＞绘制路径"上下文选项卡，在"绘制"面板中单击"圆心-端点弧"按钮，以两个参照平面交点为圆心点，光标向左水平方向移动，键盘输入值"800"，向上向右滑动光标，绘制出图 6.38 所示的圆弧路径。

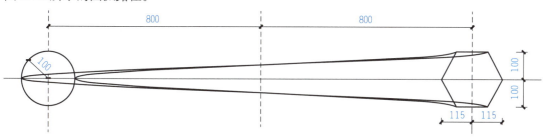

图 6.36 主视图

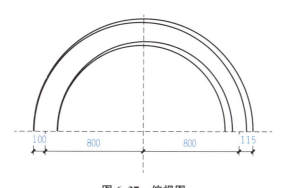

图 6.37 俯视图

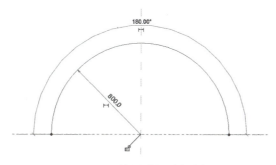

图 6.38 绘制放样融合路径

(2)单击按钮✓，完成放样融合路径的绘制。单击"放样融合"面板中的"选择轮廓1"按钮 选择轮廓1，再执行"编辑轮廓" 编辑轮廓 命令，弹出图6.39所示的"转到视图"对话框，选择"立面：前"，单击"打开视图"按钮进入前立面视图。

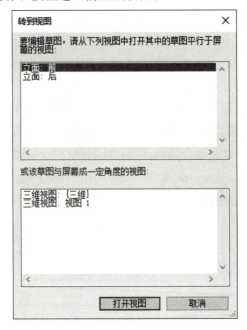

图6.39　转到视图

(3)在"立面：前"立面视图中，单击"绘制"面板中的"圆形"按钮，按照图6.40所示以亮显的红色中心点为圆心，绘制出半径为100 mm的圆。

图6.40　绘制第一个轮廓

(4)单击"完成编辑模式"按钮✓，完成第一个轮廓的绘制。单击"放样融合"面板中的"选择轮廓2"按钮 选择轮廓2，再单击"编辑轮廓"按钮 编辑轮廓，跳转至"修改｜放样融合＞编辑轮廓"上下文选项卡，在"绘制"面板中单击"外界多边形"按钮，按照图6.41所示绘制第二个轮廓。

图6.41　绘制第二个轮廓

(5)单击"完成编辑模式"按钮✓,完成第二个轮廓的绘制。再次单击"完成编辑模式"按钮✓完成模式,即可完成放样融合命令的操作,进入三维视图后在视图控制栏中调整"视觉样式"为着色,效果如图 6.42 所示。

图 6.42 放样融合三维效果

6.2 概念体量的创建与编辑

在 Revit 中有两种创建概念体量的方法:一种是在项目中通过"体量和场地"选项卡下的"内建体量"命令进行体量的创建;另一种是借助"公制体量"族样板进行体量的创建。

项目模型:概念体量的创建与编辑

6.2.1 概念体量的创建

本节主要借助"公制体量"族样板来进行概念体量的创建与编辑。按照南立面视图(图 6.43)、东立面视图(图 6.44)、平面视图(图 6.45)所示尺寸进行"体量基础"的创建。

概念体量的创建

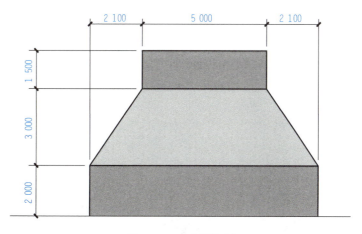

图 6.43 南立面视图

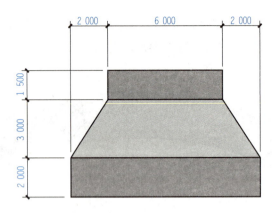

图 6.44 东立面视图

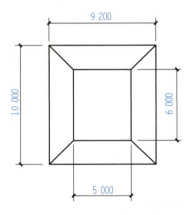

图 6.45 平面视图

(1)启动 Revit 2020,按照图 6.46 所示,选择"族"→"新建"→概念体量文件夹→"公制体量"族样板,单击"打开"按钮进入创建概念体量界面。

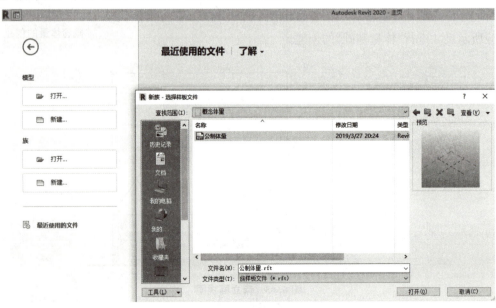

图 6.46 选择"公制体量"族样板

(2)在"楼层平面：标高1"平面视图中，按照图6.47所示，在"创建"选项卡"绘制"面板中单击"平面"按钮 ，切换至"修改|放置参照平面"上下文选项卡，再单击"绘制"面板中的"直线"按钮 ，创建图6.48所示的4个参照平面。

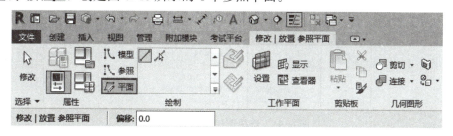

图6.47 选择参照平面命令

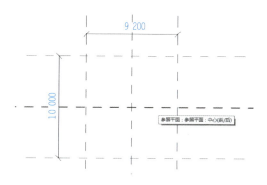

图6.48 创建参照平面

(3)按照图6.49所示，依次单击"模型"按钮 和"矩形"按钮 ，创建图6.50所示的矩形轮廓线。

图6.49 选择模型线命令

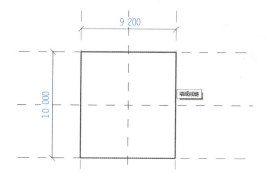

图6.50 绘制矩形模型线

(4)点选矩形轮廓线,根据图 6.51 所示在"修改 | 线"上下文选项卡"形状"面板中单击"创建形状"下拉按钮,在下拉列表中选择"实心形状",即可根据二维轮廓创建三维形状,在"三维视图"中,可查看到图 6.52 所示效果。

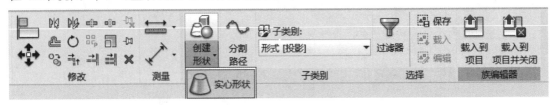

图 6.51 选择创建实心形状命令

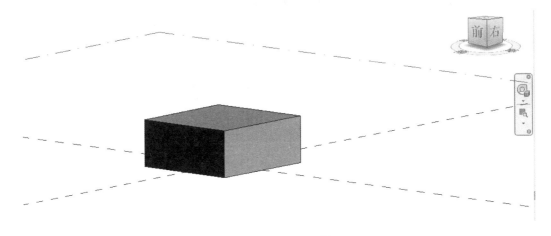

图 6.52 实体形状三维视图

(5)点选实体形状,按住 Tab 键,拾取到上表面,如图 6.53 所示,可通过拖拽操纵柄进行拉伸,或者是修改临时尺寸标注来调整实体的高度,将临时尺寸标注改为"2 000"。

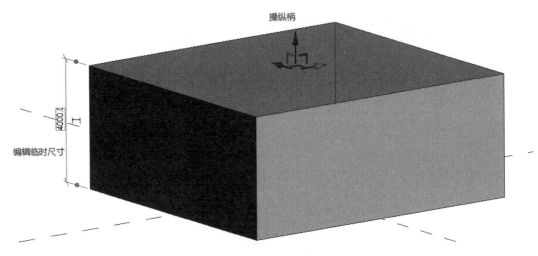

图 6.53 修改实体大小

(6)在"立面：南"立面视图中，根据图6.54所示尺寸标注，自下而上依次创建3个参照平面。

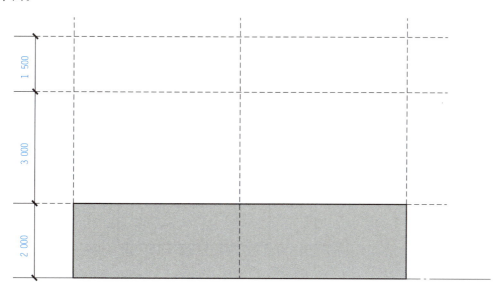

图6.54 创建3个参照平面

单击距"标高1"上方2 000 mm处的参照平面，在"属性"面板中修改"名称"为"2 000"，如图6.55所示。按照同样的方法，修改单击距"标高1"上方5 000 mm处的参照平面名称为"5 000"，距"标高1"上方6 500 mm处的参照平面名称为"6 500"。

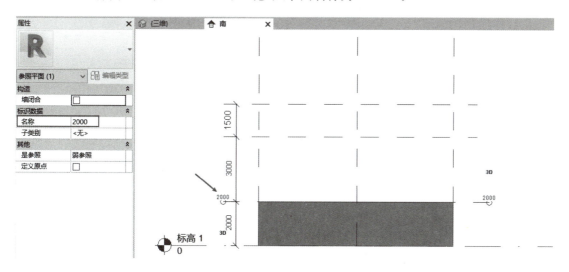

图6.55 修改参照平面名称

(7)在"楼层平面：标高1"平面视图中，依次单击"模型"按钮和"矩形"按钮，创建图6.56所示的矩形轮廓线，上方工具栏放置"主体"改为"参照平面：2 000"。

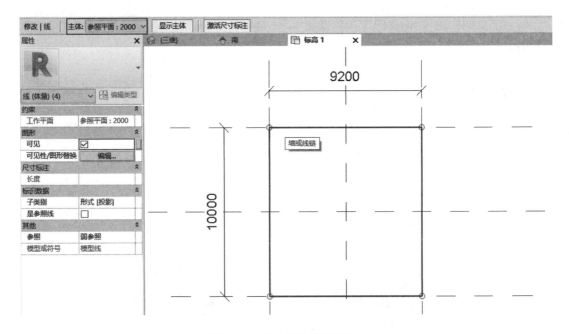

图 6.56　创建异形截面实体 1

根据图 6.57 创建左右间距为 5 000 mm，上下间距为 6 000 mm 的 4 个参照平面。再次单击"模型"按钮和"矩形"按钮，创建图 6.57 所示的矩形轮廓线，上方工具栏放置"主体"改为"参照平面：5 000"。

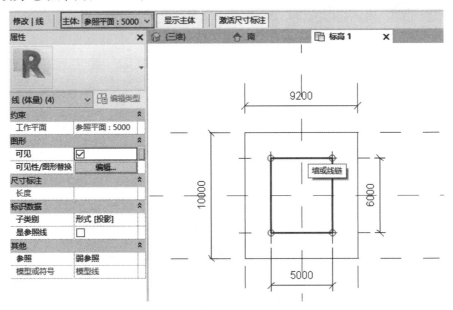

图 6.57　创建异形截面实体 2

（8）在"三维视图"中，光标放置在实体轮廓线处，按住 Tab 键选中实体构件如图 6.58 所示。"HH"快捷键进行构件实体隐藏，隐藏后效果如图 6.59 所示。

"HR"快捷键可取消隐藏。

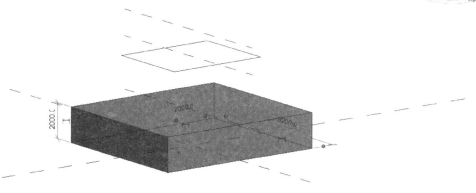

图 6.58 实体隐藏前

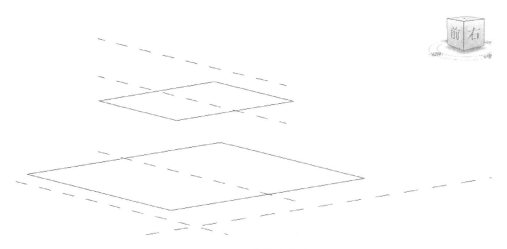

图 6.59 实体隐藏后

按住 Ctrl 键加选绘制的两个矩形轮廓,在"修改丨线"上下文选项卡,"形状"面板中单击"创建形状"下拉按钮,在下拉列表中选择"实心形状",即可创建图 6.60 所示的异形截面实体构件,且高度为 3 000 mm。

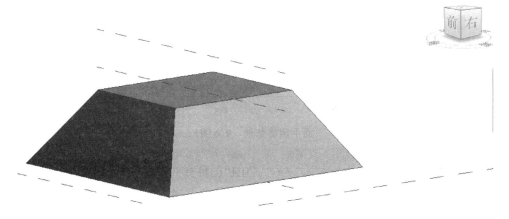

图 6.60 创建异形截面实体 3

(9)在"楼层平面:标高1"中,重复(3)~(6)的步骤创建图6.61所示的实体构件3。

1)在"楼层平面:标高1"视图中绘制矩形模型线,放置主体为"参照平面:5 000";

2)点选矩形轮廓,在"修改|线"上下文选项卡"形状"面板中单击"创建形状"下拉按钮,在下拉列表中选择"实心状态";

3)在"立面:南"视图中托动操纵柄,使实心构件3的厚度为1 500 mm,顶部至参照平面:6 500处。

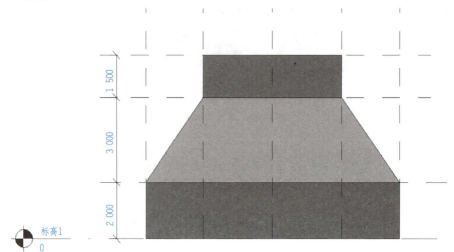

图6.61 南立面视图效果

(10)保存体量构件族并命名为"体量基础"。

6.2.2 面墙、面楼板、面屋顶的创建

启动Revit 2020,打开"项目"→"新建"→建筑样板,进入项目界面。单击"插入"选项卡"从库中载入"面板中的"载入族"按钮,插入6.2.1小节中"体量基础"构件族,将体量基础族载入项目,完成面墙、面楼板、面屋顶的创建。

面墙、面楼板、面屋顶的创建

【小技巧】若体量构件载入项目并不可见,可输入"VV"命令打开"可见性/图形替换"对话框,勾选"体量",单击"确定"按钮。在"体量和场地"选项卡下选择"放置体量"命令进行体量构件的放置。

1. 创建体量面墙

在"三维视图"中,在"体量和场地"选项卡"面模型"面板中单击"墙"按钮,在"属性"面板类型选择器中选择"基本墙:常规-200 mm",如图6.62所示,单击"体量基础"构件的任意一面,即可生成体量面墙,墙体类型为"基本墙:常规-200 mm"。

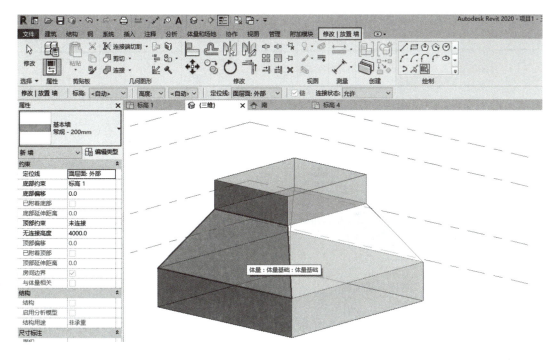

图 6.62 创建体量面墙

2. 创建体量面楼板

(1)创建标高。在"立面：南"立面视图中，按照图 6.63 所示创建标高。

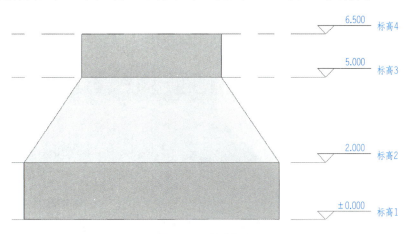

图 6.63 创建标高

(2)创建体量楼层。在"三维视图"中，按照图 6.64 所示点选体量基础构件，单击"修改｜体量"上下文选项卡"模型"面板中的"体量楼层"按钮，弹出图 6.65 所示的"体量楼层"对话框，标高 1～标高 4 全部勾选，单击"确定"按钮。

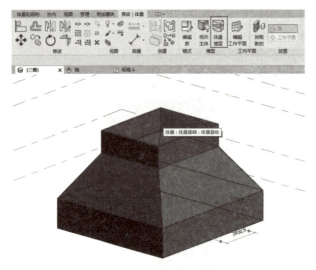

图 6.64 创建体量楼层　　　　　图 6.65 "体量楼层"对话框

(3)创建楼板。在"体量和场地"选项卡"面模型"面板中单击"楼板"按钮,在"属性"面板类型选择器中选择"楼板:常规-150 mm",如图 6.66 所示,按住鼠标左键自右下向左上框选所有"体量楼层",单击"修改｜放置面楼板"上下文选项卡"多重选择"面板中的创建楼板命令,即可完成体量楼板的创建。

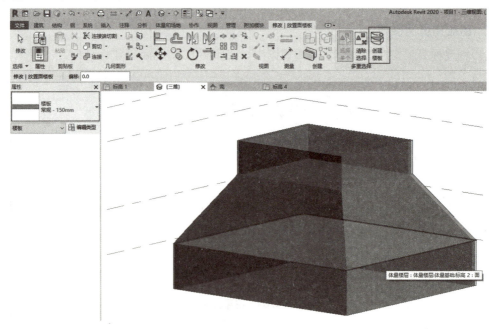

图 6.66 创建体量面楼板

3. 创建体量面屋顶

在"体量和场地"选项卡"面模型"面板中单击"屋顶"按钮,在"属性"面板类型选择器中选择"屋顶:常规-400 mm",如图 6.67 所示,点选最顶部的"体量楼层",单击"多重选择"

面板中的"创建屋顶"按钮，即可完成体量面屋顶的创建。

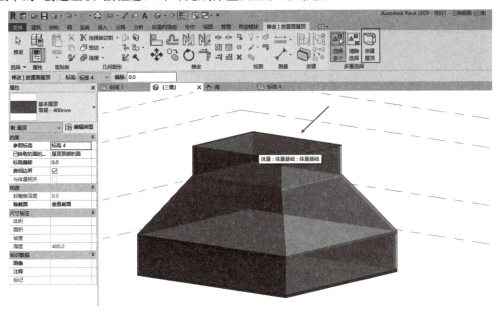

图 6.67　创建体量面屋顶

项目实施单

姓名		班级	
任务名称	构建族与概念体量		

1. 请列出五个 Revit 族样板文件。

2. 创建族的五大命令是哪些？

3. Revit 中创建体量的两种方法是什么？

项目习题

1.（实操题）根据平面图（图6.68）和立面图（图6.69）的相关尺寸创建"纪念碑"模型。

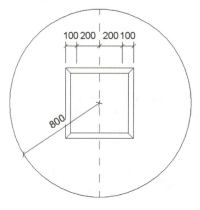

图6.68 纪念碑平面图

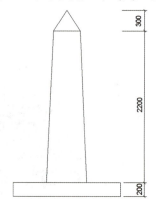

图6.69 纪念碑立面图

2.（实操题）根据主视图（图6.70）、俯视图（图6.71）、三维图（图6.72）的相关尺寸创建"花瓶"体量模型，并设置材质为陶瓷。

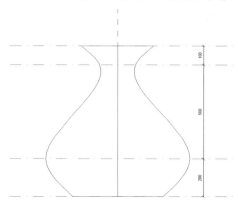

图6.70 花瓶主视图

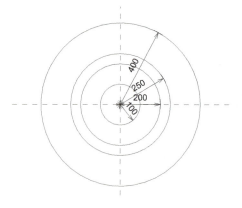

图6.71 花瓶俯视图

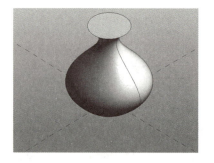

图6.72 花瓶三维图

课后习题答案

项目评价单

任务名称	构建族与概念体量		
评价项目	评价子项目	学生自评	教师评价
资讯环节	1. 了解族样板的一般使用场景； 2. 了解三视图的识图方法		
实施环节	1. 对实体模型创建方法的掌握程度； 2. 对体量构件的掌握程度； 3. 对软件快捷键的应用程度		
任务总结			
评价总结			
教师签字		日期	

项目7　BIM模型成果输出

思维导图

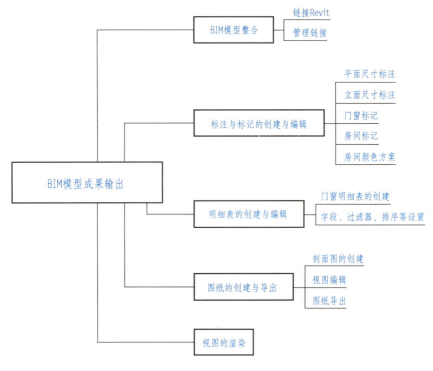

BIM 模型成果输出

项目任务单

任务名称	BIM 模型成果输出	任务学时	8 学时
任务情境	BIM 模型的整合；标注与标记的创建与编辑；明细表的创建与编辑；图纸的创建与导出；视图的渲染			
任务描述	通过本项目的学习，完成基于 BIM 模型的成果制作			
任务目标	1. 掌握 BIM 模型的整合方法； 2. 掌握标注、标记与注释的方法； 3. 掌握明细表的制作与编辑方法； 4. 掌握图纸的创建与导出方法； 5. 掌握 Revit 软件的使用技巧			
任务准备	1. 提前掌握图纸的编制要求，如图框、图幅、视图比例、标注等相关要求； 2. 查阅资料了解模型的应用场景			

7.1 BIM 模型整合

项目模型：BIM 模型的整合

7.1.1 综合楼 BIM 模型的整合

综合楼 BIM 模型的整合

(1)启动 Revit 2020，打开案例模型文件夹中的"综合楼-建筑模型"项目文件，在"楼层平面：1F"平面视图中，单击"插入"选项卡"链接"面板中的"链接 Revit"按钮，将案例模型文件夹中的"综合楼-结构模型"链接进来，如图 7.1 所示。

图 7.1 链接结构 Revit 模型

(2)在"三维视图"中，点选链接的结构模型，切换至"修改｜RVT 链接"上下文选项卡，按照图 7.2 所示，在"链接"面板中单击"绑定链接"按钮，弹出"绑定链接选项"对话框，如图 7.3 所示，取消勾选"附着的详图、标高、轴网"等，单击"确定"按钮。弹出图 7.4 所示的"绑定链接"对话框，单击"是"按钮，弹出构件"重复类型"对话框，单击"是"按钮。

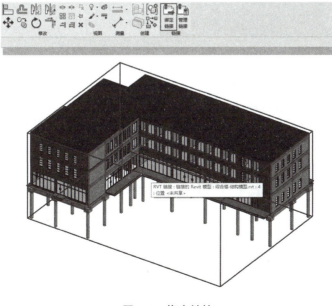

图 7.2 绑定链接

图 7.3 "绑定链接选项"对话框　　　　图 7.4 "绑定链接"对话框

(3) Revit 2020 将会弹出"警告"对话框,如图 7.5 所示,链接进来的结构模型中的构件是无法被单独编辑,所以需要删除链接,解除绑定,使结构构件可被单独点选并编辑,因此在这里单击"删除链接"按钮。

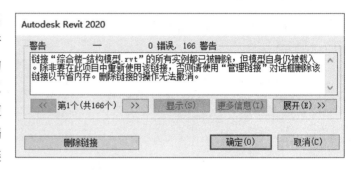

图 7.5 "警告"对话框

(4) 在"三维视图"中,"模型链接"已经转换为"模型组",按照图 7.6 所示点选"模型组",在"修改 | 模型组"上下文选项卡"成组"面板中单击"解组"按钮。

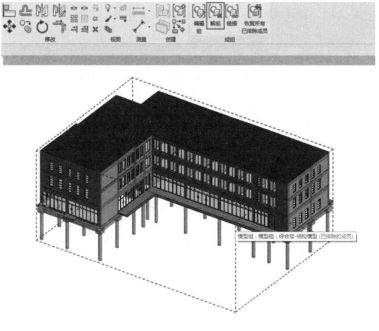

图 7.6 模型解组

(5)"解组"完成后,即可对单个结构图元进行编辑。保存整合的 BIM 模型,并命名为"综合楼-土建模型"。

7.1.2 综合楼地形的创建

(1)启动 Revit 2020,打开 7.1.1 小节的"综合楼-土建模型",在"楼层平面:场地"平面视图中,单击"建筑"选项卡"工作平面"面板中的"参照平面"按钮,切换至"修改|放置参照平面"上下文选项卡,单击"绘制"面板中的"拾取线"按钮,在选项栏中设置偏移量为"12 000",在①轴、⑧轴、Ⓐ轴和Ⓗ轴外侧 12 000 mm 处分别创建 4 个参照平面(图 7.7)。

综合楼地形的创建

图 7.7 创建参照平面

(2)单击"体量和场地"选项卡,"修改场地"面板中的"地形表面"按钮,进入场地编辑界面,在"工具面板"单击"放置点"按钮,在选项栏中设置高程为"-300.0",如图 7.8 所示。

图 7.8 设置"高程"

在 4 个参照平面的交点处放置 4 个"放置点",单击完成"表面"按钮,即可完成创建标高为"-0.300 m"的地形三维效果图,如图 7.9 所示。

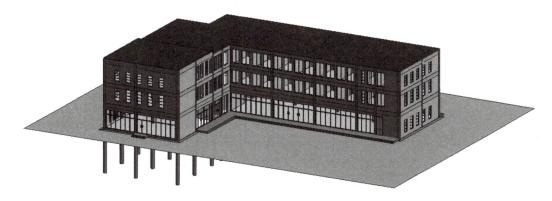

图 7.9 场地三维效果

151

7.2 标注与标记的创建与编辑

7.2.1 综合楼尺寸标注的创建

1. "对齐尺寸"标注命令的创建与编辑

启动 Revit 2020，打开 7.1 节中操作的"综合楼-土建模型"项目文件。进入"楼层平面：1F"平面视图，点选轴网的尺寸标注，在"属性"面板类型选择器中选择"线性尺寸标注样式：对角线-2.5 mm Arial"，单击"编辑类型"按钮，弹出"类型属性"对话框，根据图 7.10、图 7.11 所示对尺寸标注样式做简单的编辑。

项目模型：标注与标记的创建与编辑

综合楼尺寸标注的创建

图 7.10 类型属性"线性尺寸样式"1

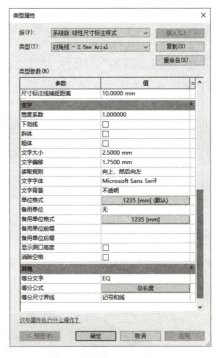

图 7.11 类型属性"线性尺寸样式"2

本节仅对常用的参数做一个简单讲解。

(1)"引线类型"：当拖拽尺寸标注的文字时，如图 7.12 所示即标注文字的引线。

(2)"单位格式"：执行"文字"→"单位格式"命令，弹出图 7.13 所示的"格式"对话框。

1)勾选"使用项目设置"时，单位格式将与"管理"选项卡下的"项目单位"中的设置保持一致。

2)"单位"：可更改长度单位。

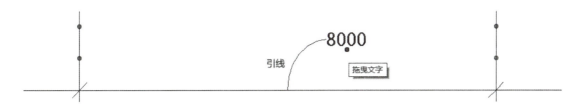

图 7.12 引线

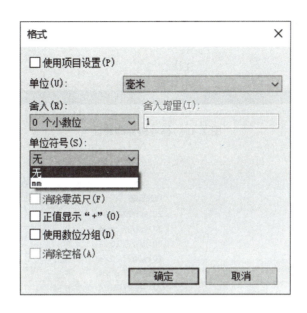

图 7.13 "格式"对话框

3)"舍入":保留几个小数位。

4)"单位符号":选择"mm"后,尺寸标注时将会自带单位符号。

2. "高程点"标注命令的创建与编辑

进入"立面:南"立面视图,单击"注释"选项卡中"尺寸标注"面板中的"高程点"按钮,在 2F 层①轴与②轴之间任选一扇窗,将光标放在窗台底部,单击第一点,向左移动光标在任意位置单击第二点,再向右移动光标单击第三点,如图 7.14 所示完成窗台底高度高程点的尺寸标注。

图 7.14 高程点尺寸标注

点选高程点尺寸标注，在"属性"面板中，单击"编辑类型"按钮，弹出"类型属性"对话框。

【符号】可通过单击"插入"选项卡→"载入族"按钮，按照图 7.15 所示路径找到图 7.16 所示的标高符号族来进行添加。

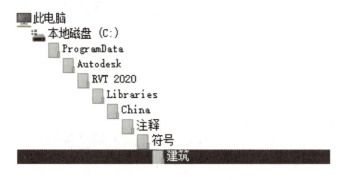

图 7.15　符号构件族路径

图 7.16　高程点符号构件族

【快捷键】高程点尺寸标注快捷键为"EL"。

7.2.2　综合楼门窗标记的创建

启动 Revit 2020，打开 7.2.1 节中操作的"综合楼-土建模型"项目文件。进入"楼层平面：1F"平面视图，在"注释"选项卡的"标记"面板中单击"全部标记"按钮①，弹出如图 7.17 所示的"标记所有未标记的对象"对话框，勾选"窗标记"，单击"确定"按钮，即可在平面视图中为窗添加标记。

综合楼门窗标记的创建

图 7.17 "标记所有未标记的对象"对话框

窗的标记类型是通过图 7.18 所示的"窗类型属性"对话框中的"类型标记"来控制的。

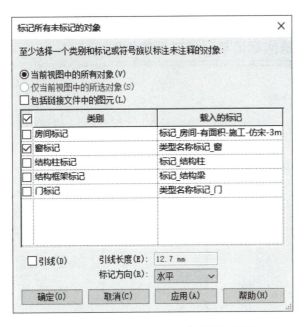

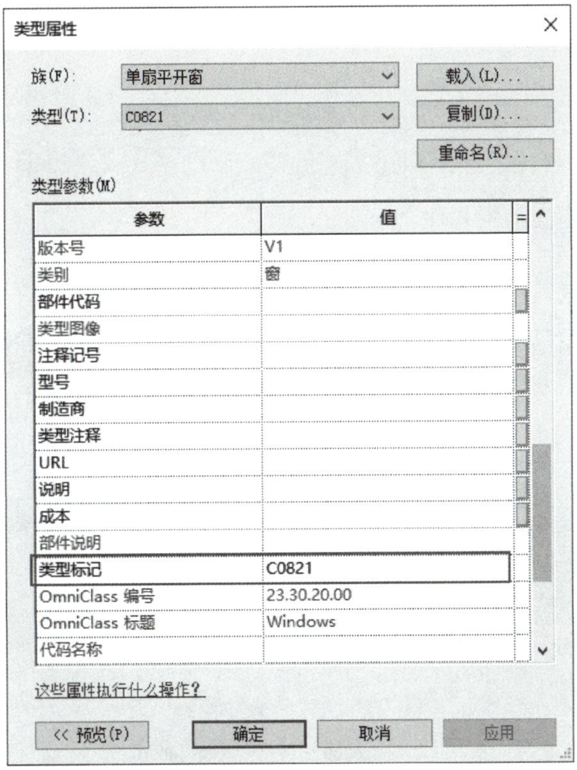

图 7.18 "窗类型属性"对话框

门的标记方法同窗的标记。

7.2.3 综合楼房间标记与颜色方案的创建

1. 房间的创建与分割

(1)启动 Revit 2020，打开 7.2.2 节中操作的"综合楼-土建模型"项目文件。进入"楼层平面：1F"平面视图，单击"建筑"选项卡的"房间和面积"面板中的"房间"按钮，单击任意一个房间，即可创建图 7.19 所示的房间。

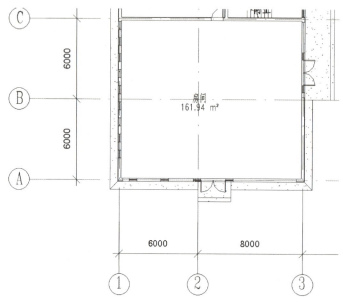

图 7.19 创建房间

(2)单击房间标记，如图 7.20 所示，根据一层平面图双击名称参数修改为"餐厅"。

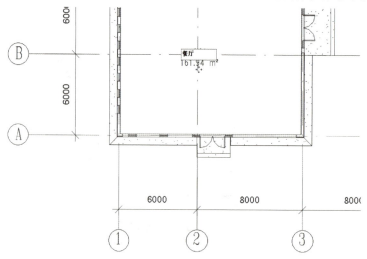

图 7.20 编辑房间名称

(3)单击房间标记,在"属性"面板中,可按照图7.21所示根据有无面积、字体类型、大小等选择不同类型的房间标记。

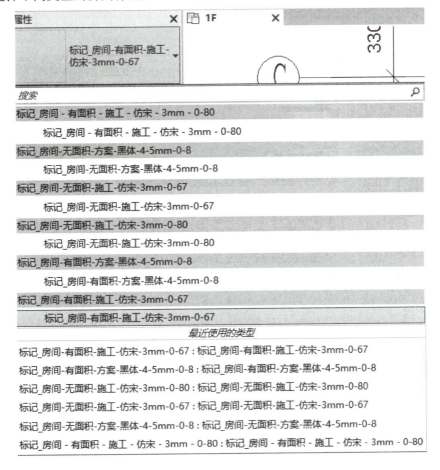

图7.21 选择房间标记类型

(4)单击"建筑"选项卡"房间和面积"面板中的"房间分隔"按钮,切换至"修改 | 放置房间分隔"对话框,在"绘制"面板中单击"直线"按钮,按照图7.22所示,在③轴线上,从⑥轴绘制到⑨轴,绘制房间分隔线。

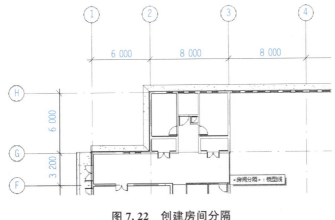

图7.22 创建房间分隔

(5)单击"建筑"选项卡"房间和面积"面板中的"房间"按钮 ，即可创建图 7.23 所示的房间,根据一层平面图创建房间,修改房间名称。

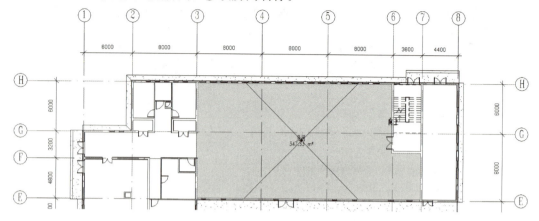

图 7.23　创建分隔后的房间

2. 房间颜色方案的创建

(1)在"楼层平面:1F"平面视图中,如图 7.24 所示,单击"属性"面板中"颜色方案"后的"无"按钮,弹出"编辑颜色方案"对话框,"方案类别"选择"房间",命令栏选择"方案 1","颜色"选择"名称",弹出图 7.25 所示"不保留颜色"对话框,单击"确定"按钮。

图 7.24　选择颜色方案　　　　图 7.25　"不保留颜色"对话框

(2)单击"确定"按钮后,颜色方案窗口如图 7.26 所示。

单击左侧命令栏中的"方案 1"可对颜色方案重命名,右侧列表中可修改 RGB 值修改房间颜色。

单击"确定"按钮,即可在平面视图中为房间添加颜色标记。

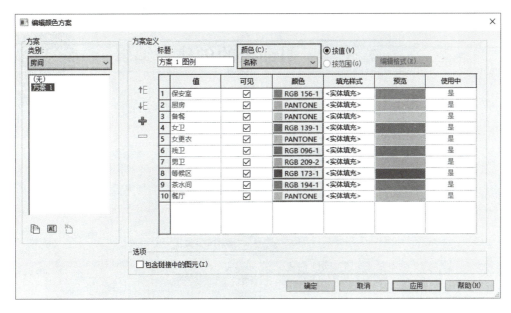

图 7.26　编辑颜色方案

(3)单击"注释"选项卡"颜色填充"面板中的"颜色填充图例"按钮,在一层平面图右下角位置添加房间颜色方案图例,最终效果如图 7.27 所示。

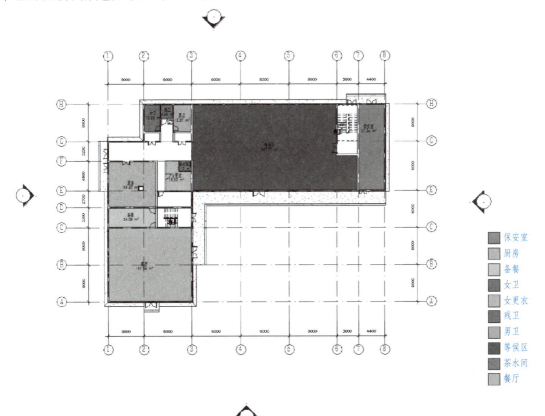

图 7.27　房间颜色效果

159

7.3 明细表的创建与编辑

(1)单击"视图"选项卡"创建"面板中的"明细表"下拉按钮,在下拉菜单中选择"明细表/数量",如图 7.28 所示。

项目模型:明细表的创建与编辑

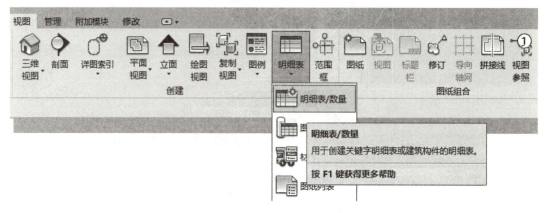

图 7.28 选择"明细表/数量"

(2)弹出图 7.29 所示"新建明细表"对话框,"类别"选择"窗","名称"为"窗明细表",单击"确定"按钮。弹出图 7.30 所示"明细表属性"对话框。

明细表的创建与编辑

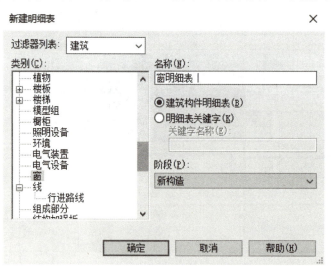

图 7.29 "新建明细表"对话框

"明细表属性"对话框主要内容如下:

1)"字段":单击"可用字段"框中的字段名称,再单击"添加参数"按钮。字段在"明细表字段"框中的顺序,就是它们在明细表中的显示顺序。

2)"过滤器":在"过滤器"选项卡上,可以创建限制明细表中数据显示的过滤器。可以

图 7.30 "明细表属性"对话框

使用明细表字段的许多类型来创建过滤器。例如：可以使用过滤器在门明细表中按标高进行过滤。在"过滤器"选项卡中，可以选择"标高"作为过滤参数，并将其值设置为"1F"。明细表仅显示位于标高 1F 上的门。

3)"排序/成组"：在"排序/成组"选项卡上，可以指定明细表中行的排序选项，还可以将页眉、页脚以及空行添加到排序后的行中。在明细表中可以按任意字段进行排序，"合计"除外。

(3)在弹出的图 7.31"明细表属性"窗口中，"字段"选项卡下"可用的字段"中找到"类型标记"，单击选中"类型标记"字段，再单击右侧"添加参数"按钮，可将该字段添加到右侧"明细表字段"中，如图 7.32 所示。

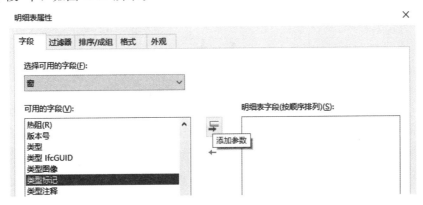

图 7.31 添加"类型标记"参数

图7.32 成功添加"类型标记"参数

(4)如图7.33所示,将"类型标记""宽度""高度""底高度""合计"字段依次添加至"明细表字段"。字段的前后顺序可单击"上移参数"按钮和"下移参数"按钮进行调节。选中已添加字段单击"移除参数"按钮,可将字段删除。

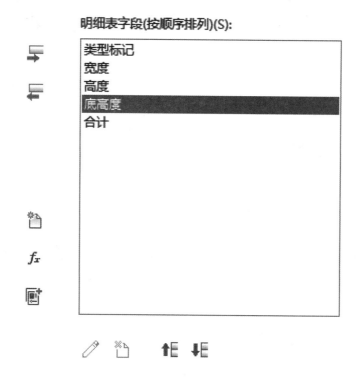

图7.33 所有参数添加完成

(5)按照图7.34所示对"明细表属性"对话框中的"排序/成组"选项进行编辑。选择"排序方式:类型标记,升序",勾选"总计",取消勾选"逐项列举每个实例",单击"确定"按钮生成图7.35所示窗明细表。

图 7.34 编辑"排序/成组"选项

	〈窗明细表〉			
A	B	C	D	E
类型标记	宽度	高度	底高度	合计
C0610	600	1000	400	5
C0618	600	1800	500	30
C0621	600	2100	400	14
C0622	600	2200	400	32
C0821	800	2100	400	17
C0918	900	1800	500	10
C0921	900	2100	400	5
C0922	900	2200	600	10
C1022	1000	2200	600	6
C1024	1000	2400	500	6
C1422	1400	2200	600	3
C1522	1500	2200	600	2
C1524	1500	2400	500	2
C1622	1600	2200	600	22
C1624	1600	2400	500	22
C1831	1800	3100	0	1
C2424	1400	2400	500	3
C-1	3000	3100	0	2
C-2	3000	3100	0	1
C-4	3000	3100	0	1
总计:194				

图 7.35 窗明细表

【小贴士】为什么取消勾选"逐项列举每个实例"?

勾选"逐项列举每个实例"后,在窗明细表中会将每一类型的"窗"逐项列举出来,无法显示各类型窗的总数。

7.4 图纸的创建与导出

(1)启动 Revit 2020，打开"综合楼-土建模型"。进入"楼层平面：1F"平面视图，单击"视图"选项卡"创建"面板中的"剖面"按钮，在ⒸC轴与Ⓓ轴区间内创建图 7.36 所示的 1♯楼梯剖面图。

项目模型：图纸的创建与导出

(2)单击创建的剖面 1，再单击鼠标右键在弹出的列表中单击"转导视图"，即可进入"剖面视图"。单击"视图"选项卡"图纸组合"面板中的"图纸"按钮，弹出图 7.37 所示的"新建图纸"对话框，选择"A2 公制：A2"，单击"确定"按钮，即可完成图框的创建。

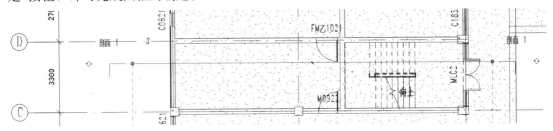

图 7.36 创建 1♯楼梯剖面图

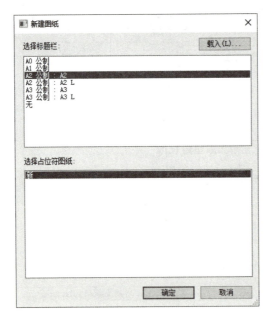

图 7.37 "新建图纸"对话框

图纸的创建与导出

(3)单击"视图"选项卡"图纸组合"面板中的"视图"按钮，弹出图 7.38 所示的"视图"对话框，选择"剖面：剖面 1"。单击"在图纸中添加视图"按钮，在图框中任意单击一点，即可将剖面视图放置在图框中。

图 7.38 "视图"对话框

(4)点选图纸,在"属性"面板中,如图 7.39 所示可编辑修改图纸名称为"1♯楼梯剖面图"、图纸编号为"建筑-014",也可对图纸发布日期、相关人员等进行录入编辑,此时图框中的内容也会随之而改变。

图 7.39 图纸属性

(5)根据上述章节所讲解的内容可对图纸的尺寸标注等做一个简单的编辑。

(6)创建好的图纸可在"项目浏览器""图纸"下拉列表中进行查看,若修改剖面1视图中的图元、尺寸标注、视图比例等,图纸中的相应属性也会随之而改变。

(7)按照图7.40所示,在Revit 2020界面,执行"文件"→"导出"→"CAD格式"→"DWG"命令。

图7.40 导出图纸

弹出图7.41所示"DWG导出"对话框,选择当前需要导出的图纸,"导出"选择"＜仅当前视图/图纸＞",单击下一步,任意选择图纸保存的路径,可根据图7.42所示设置图纸导出的属性,单击"确定"按钮即可完成图纸的创建与导出。

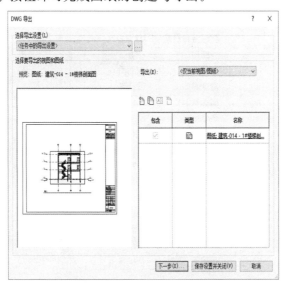

图7.41 "DWG导出"对话框

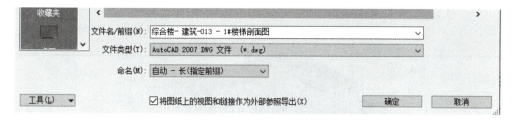

图 7.42　设置图纸导出属性

7.5　视图的渲染

(1)启动 Revit 2020，打开"综合楼-土建模型"。进入"三维视图"，将模型调整到轴测视图，单击"视图"选项卡"图形"面板中的"渲染"按钮，按照图 7.43 所示，调整"质量"设置为"中"，"照明"方案为"室外：日光和人造光"，"背景"样式为"天空：少云"。

(2)设置完成后单击左上角"渲染"按钮，待模型渲染完成后，按照图 7.44 所示单击"导出"按钮，从而导出渲染图片，渲染效果如图 7.45 所示。

项目模型：视图的渲染与漫游

视图的渲染

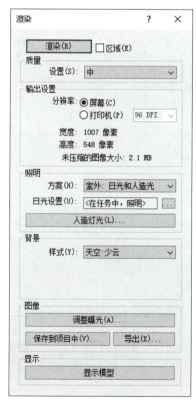

图 7.43　渲染设置

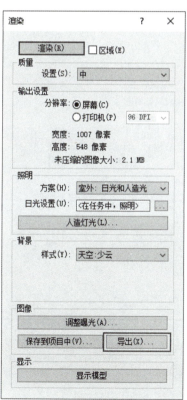

图 7.44　导出图像

167

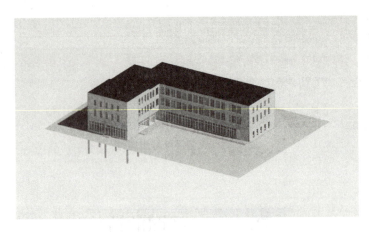

图 7.45　渲染效果

项目实施单

姓名		班级	
任务名称	BIM 模型成果输出		

1. BIM 模型整合的注意事项有哪些？

2. Revit 中可输出成果都有哪些？

3. Revit 中创建房间颜色方案的基本步骤是什么？

项目习题

1. （单选题）标记的主要用处是对构件如门、窗、柱等构件或是房间、空间等概念的标记，用以区分不同的构件或房间，以下不属于 Revit 标记的是（　　）。
   A. 按类型标记　　　B. 全部标记　　　C. 房间标记　　　D. 空间标记
2. （多选题）应用 BIM 软件进行项目中的渲染，不可以实现的渲染设置是（　　）。
   A. 背景　　　B. 树木量　　　C. 构件数量　　　D. 材质颜色
   E. 图像透明度
3. （单选题）导入生成场地的 DWG 文件必须具有（　　）数据。
   A. 高程　　　B. 图层　　　C. 颜色　　　D. 图纸

项目评价单

任务名称	BIM 模型成果输出		
评价项目	评价子项目	学生自评	教师评价
资讯环节	1. 了解族样板的一般使用场景； 2. 了解三视图的识图方法		
实施环节	1. 对实体模型创建方法的掌握程度； 2. 对体量构件的掌握程度； 3. 对软件快捷键的应用程度		
任务总结			
评价总结			
教师签字		日期	

参考文献

[1] 周佶，王静."1＋X"建筑信息模型(BIM)职业技能等级证书(建筑信息模型〈BIM〉建模技术)[M]. 北京：高等教育出版社，2020.

[2] 陈瑜."1＋X"建筑信息模型(BIM)职业技能等级证书：学生手册(初级)[M]. 北京：高等教育出版社，2019.

[3] 廊坊市中科建筑产业化创新研究中心."1＋X"建筑信息模型(BIM)职业技能等级证书：教师手册[M]. 北京：高等教育出版社，2019.

[4] 刘新月，王芳，张虎伟. Autodesk Revit 土建应用项目教程[M]. 北京：北京理工大学出版社，2018.

[5] 王鑫，董羽. Revit 建模案例教程[M]. 北京：中国建筑工业出版社，2019.

[6] 叶雯. 建筑信息模型[M]. 北京：高等教育出版社，2016.